試験直前 赤シート ◯で最終確認！ 合格チェックシート

✓ まとめて覚える交通ルール

数が限られている場所などは
まるごと覚えてしまいましょう！

□ 徐行場所 →43ページ **5か所**

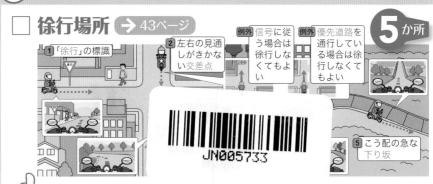

1. 「徐行」の標識
2. 左右の見通しがきかない交差点
   - 例外 信号に従う場合は徐行しなくてもよい
   - 例外 優先道路を通行している場合は徐行しなくてもよい
5. こう配の急な下り坂

JN005733

👆**check**

③ 道路の曲がり角付近は見通しに関係なく徐行！

⑤ こう配の急な下り坂は徐行場所だが、こう配の急な上り坂は徐行場所ではない！

□ 追い越し禁止場所 →48～49ページ **8か所**

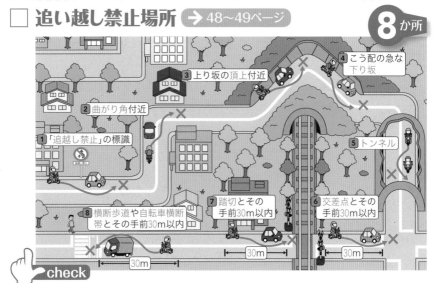

1. 「追越し禁止」の標識
2. 曲がり角付近
3. 上り坂の頂上付近
4. こう配の急な下り坂
5. トンネル
6. 交差点とその手前30m以内
7. 踏切とその手前30m以内
8. 横断歩道や自転車横断帯とその手前30m以内

👆**check**

⑤ 車両通行帯がある場合はトンネル内でも追い越し可！

⑥⑦⑧ その場所と手前30m以内が禁止場所！

まちがえやすい交通ルール

だれもがひっかかるルールは覚え方がポイントです。キーワードを要チェック！

☐ 手による合図 → 44ページ

曲げる		
伸ばす		左折または左への進路変更

曲げる		
伸ばす		右折・転回または右への進路変更

斜め下

徐行・停止

斜め下に伸ばし前後に動かす

後退

 check 左折と右折は**伸ばす**か**曲げる**。どちらかワンペアを覚えておけばまちがえにくい。手による合図は**方向指示器**と併用で使う！

☐ 矢印信号・点滅信号 → 21ページ

矢印

二段階右折に注意	路面電車だけ

車は矢印の方向に進め、右向きの場合は転回もできる。ただし、右向きの場合、二段階右折する原動機付自転車と軽車両は進めない。

路面電車だけ矢印の方向に進める。

点滅

注意	一時停止

車は他の交通に注意して進める。

車は停止位置で一時停止し、安全を確認したあとに進める。

 check ➡では車は**右折**と**転回**ができるが、二段階右折が必要な**原動機付自転車**と**軽車両**は進めない！

☐ 乗車・積載 → 28・31ページ

乗車

- 乗車用ヘルメット
- プロテクター
- 長そで、長ズボン
- 操作性のよい靴

✕ 二人乗りは禁止

積載

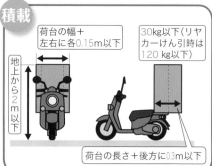

荷台の幅＋左右に各0.15m以下

地上から2m以下

30kg以下（リヤカーけん引時は120 kg以下）

荷台の長さ＋後方に0.3m以下

check 運転するときのヘルメットは**工事用安全帽**はダメ！

check 積める荷物の高さは**荷台**からではなく**地上**から！

✓ 意味をしっかり覚えたい標識・標示

図柄だけではわからない
正しい意味を確認しましょう！

☐ **通行止め**

車、歩行者、路面電車の通行が禁止されている。

👉check
歩行者も通行できない！

☐ **車両横断禁止**

道路の右側部分への横断が禁止されている。

👉check 道路の**左側へ**
の横断はできる！

☐ **自動車専用**

高速自動車国道または自動車専用道路を表す。

👉check **高速道路のこと**
で、図柄にはだまされない！

☐ **警笛区間**

区間内の見通しのきかない交差点、曲がり角、上り坂の頂上で警音器を鳴らす。

👉check 指定場所**3**か
所で警音器を鳴らす！

☐ **追越し禁止**

追い越しをしてはいけない。

👉check 「**追越し禁止**」の補助標識がない場合は、
右側部分に**はみ出さない追い越しはできる！**

☐ **追越しのための右側部分はみ出し通行禁止**

道路の右側部分にはみ出して追い越しをしてはいけない。

☐ **T形道路交差点あり**

この先にT形道路の交差点があることを表す。

👉check
通行止めとまちがえない！

☐ **道路工事中**

この先が道路工事中であることを表す。

👉check
通行止めの意味はない！

☐ **追越しのための右側部分はみ出し通行禁止**

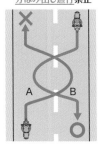

黄色の線が引かれた側（A）からBには**み出して追い越しをしてはいけない。**

👉check **|**の線側から
の**はみ出し**だけ禁止！

☐ **進路変更禁止**

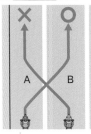

黄色の線が引かれた側（B）からAに進路変更してはいけない。

👉check **|**の線側から
の**進路変更**だけ禁止！

☐ **右側通行**

道路の中央から右側部分はみ出して通行できる。

👉check **はみ出しても**
よいという意味！

☐ **前方優先道路**

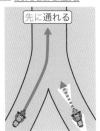

標示がある道路と交差する前方の道路が優先道路であることを表す。

👉check どちらが優先
するかまちがえない！

駐車禁止場所 → 57ページ

6 か所

1 「駐車禁止」の標識
2 火災報知機から1m以内
3 自動車用の出入口から3m以内
4 道路工事の区域の端から5m以内
5 消防用機械器具の置場などから5m以内
6 消火栓などから5m以内

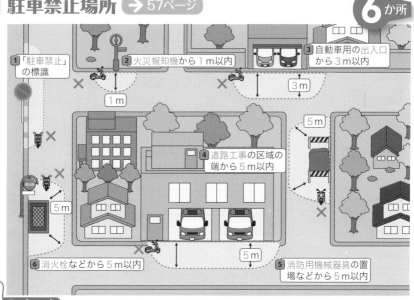

☞ **check**

6か所中、数字が出てくる禁止場所は5か所。1m以内と3m以内が1か所、5m以内が3か所！

- -

駐停車禁止場所 → 58~59ページ

10 か所

1 「駐停車禁止」の標識
2 軌道敷内
3 坂の頂上付近とこう配の急な坂
4 トンネル
5 交差点とその端から5m以内
6 曲がり角から5m以内
7 横断歩道や自転車横断帯とその端から5m以内
8 踏切とその端から10m以内
9 安全地帯の左側とその前後10m以内
10 バスの停留所から10m以内

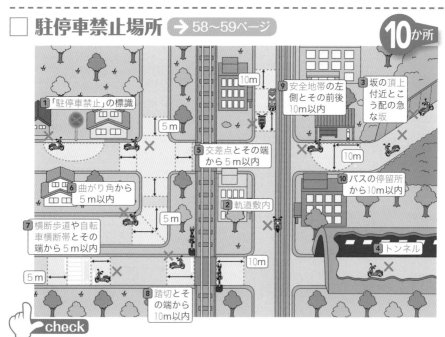

☞ **check**

5 6 7 5m以内が禁止（その場所から、またはその場所と端から）
8 9 10 10m以内（その場所から、またはその左側、端から）

まちがえやすい交通用語

言葉の意味を覚えておくことが正解への近道です！

☐ 車と自動車

車（車両）

自動車
大型　中型　準中型　普通
大型特殊　小型特殊　大型自動二輪　普通自動二輪 など

原動機付自転車
スクーター
ギア付バイク
スリーター など

軽車両
自転車
リヤカー
荷車 など

check 自動車、原動機付自転車、軽車両は車（車両）に含まれる！

☐ こう配の急な坂

こう配の急な下り坂は
徐行場所
追い越し禁止場所
駐停車禁止場所

こう配の急な上り坂は
駐停車禁止場所

こう配率
10%以上の坂

 **point 上り坂の頂上付近**

頂上付近は先が見えない

こう配にかかわらず、徐行場所、追い越し禁止場所、駐停車禁止場所

check

こう配の急な上り坂は徐行、追い越し禁止場所ではない！

☐ 優先道路

交差点内まで中央線などが引かれている

「優先道路」の標識

信号がない交差点などで、先に通行できるなど優先される道路。

point 信号のない交差点では…

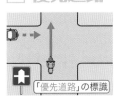

広い

広い幅優先

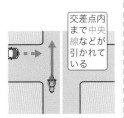

同じ幅　同じ幅　同じ幅　同じ幅

左方優先　路面電車優先

☐ 安全地帯

○　×
入れない

歩行者の保護などのために道路に設けられた島状の施設や、標識・標示で指定された道路の部分。

check

☑は安全地帯の標識！

✓ まちがえやすい標識・標示

デザインが似ているものは、色や形などで違いを覚えましょう！

☐ 駐車禁止

駐車をしてはいけない。

×のほうが強いので駐停車禁止

☐ 駐停車禁止

駐車や停車をしてはいけない。

 ●が駐車禁止。⊗はそれより強い意味なので駐停車禁止！

☐ 最高速度

最高速度を表す。

一のあるほうが最低速度

☐ 最低速度

自動車の最低速度を表す。

 数字の下に―(横線)があるかないか。ある場合は最低速度！

☐ 原動機付自転車の右折方法(二段階)

原動機付自転車が右折するとき、二段階右折しなければならない。

＼は禁止なので二段階右折禁止

☐ 原動機付自転車の右折方法(小回り)

原動機付自転車が右折するとき、小回り右折しなければならない。

 ⊗は禁止を意味し、●はできることを表す！

☐ 横断歩道

横断歩道を表す。

五角形が横断歩道

☐ 学校、幼稚園、保育所などあり

この先に学校、幼稚園、保育所などがあることを表す。

 色と形で覚える。
▲が横断歩道、◆が学校、幼稚園、保育所などあり！

☐ 一方通行

車は矢印と反対方向には進めない。

白矢印が一方通行

☐ 左折可(標示板)

車は前方の信号にかかわらず左折できる。

 地が青で矢印が白は一方通行、地が白で矢印が青は左折可！

☐ 幅員減少

道路の幅が狭くなることを表す。

両側が狭くなるのが幅員減少

☐ 車線数減少

車線数が減少することを表す。

 右側部分が┦なのが幅員減少、┃なのが車線数減少！

☐ 立入り禁止部分

車は、標示内には入ってはいけない。

黄色の線の中には入れない

☐ 停止禁止部分

車は、標示内に停止してはいけない。

 黄色の線や文字は規制を表すので、枠の中に入ってはいけない！

路側帯　車道

☐ 駐停車禁止路側帯

車の駐停車が禁止されている。

実線2本のほうが強い意味

路側帯　車道

☐ 歩行者用路側帯

軽車両の通行と車の駐停車が禁止されている。

 ‖‖より‖‖のほうが意味は強いので、歩行者しか通れない歩行者用路側帯！

1回で合格！

赤シート対応

原付免許

完全攻略問題集

長 信一 著

成美堂出版

本書の活用法

●巻頭折り込み(カラー表・裏) 試験直前 赤シートで最終確認! 合格チェックシート

直前暗記チェックシート 超重要暗記項目　　直前暗記チェックシート よく出る重要問題20選

試験ギリギリまで再チェック! ── その数だけしっかり暗記しておくこと

注意事項を確認しておこう　　　　　　　　　　「赤シート」で重要部分を
　　　　　　　　　　　　　　　　　　　　　　チェックしよう

●巻頭〈→P.4～P.9〉 実力診断問題にチャレンジ!

ジャンルごとに問題を厳選。苦手　　　　　　「○」「×」の理由を詳細に解説。一度間違
な分野をチェックしよう　　　　　　　　　　えても、ここで完全に頭に入れておこう

似ている問題を掲載。違いを判断　　　　　　「赤シート」で答えと重要部分を
して「○」「×」を考えよう　　　　　　　　隠して解いていこう

●ルール解説〈➡P.16〜P.72〉試験に出る交通ルール

「暗記ポイント」を数字で表示。テスト部分(P.74〜P.143)とリンクしていてチェックに便利。特に重要な部分を「最重要暗記ポイント」としてまとめてあるので、絶対に覚えておこう

交通ルールを大きく4つに分類

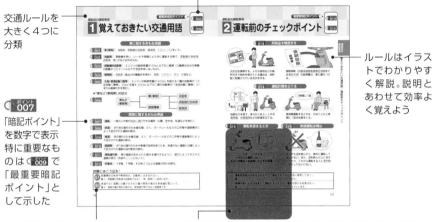

「暗記ポイント」を数字で表示。特に重要なものは 009 で「最重要暗記ポイント」として示した

ルールはイラストでわかりやすく解説。説明とあわせて効率よく覚えよう

試験でどのように問われるか、よく出る問題を2問紹介

ルール部分にも「赤シート」を利用。ひと通り勉強したら、「赤シート」を当てて確認しよう。「最重要暗記ポイント」は「赤シート」をかけても見えるので、そこだけ確認すればスピードチェックになる

●テスト〈➡P.74〜P.143〉原付免許 本試験模擬テスト

本試験模擬テストを7回分収録。合格点が取れるまで繰り返しチャレンジ

制限時間の30分を守って解いていこう

間違えたら関連する「暗記ポイント」をチェック！ ➡

掲載ページを示す

P36

ポイント
111

暗記ポイントの番号を示す

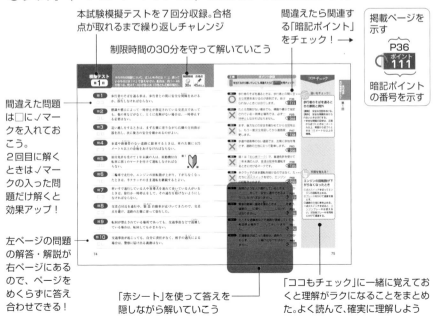

間違えた問題は□に✓マークを入れておこう。
2回目に解くときは✓マークの入った問題だけ解くと効果アップ！

左ページの問題の解答・解説が右ページにあるので、ページをめくらずに答え合わせできる！

「赤シート」を使って答えを隠しながら解いていこう

「ココもチェック」に一緒に覚えておくと理解がラクになることをまとめた。よく読んで、確実に理解しよう

交通ルールをジャンル別に分け、間違えやすい似ている問題を厳選しました。よく
見比べて、「○」「×」を判断してみましょう。

ジャンル1 信号に関する問題

1

A 右の信号機に対面した原動機付自転車は、直進、左折、右折することができる。

B 右の信号機に対面した自動車は、直進、左折、右折することができる。

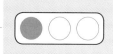

ジャンル2 積載に関する問題

2

A 荷物が分割できないため、やむを得ず規定の大きさを超える場合は、出発地の警察署長の許可を受けて積むことができる。

B 原動機付自転車は、原則として荷台から規定の大きさを超える荷物を積んではならない。

ジャンル3 通行禁止場所に関する問題

3

A 原動機付自転車は、車体が小さいので歩道や路側帯を通行することができる。

B 原動機付自転車は、歩道や路側帯を通行してはならないが、道路に面した場所に出入りするため横切る場合は通行してもよい。

4

A 右の標識のある道路は、どんな理由があっても車は通行してはいけない。

B 警察署長の許可を受ければ、車は右の標識のある道路を通行することができる。

ジャンル4 歩行者の保護に関する問題❶

5

A 歩行者のそばを通るときは、安全な間隔をあけるか徐行しなければならない。

B 通行に支障がある高齢者のそばを通るときは、安全な間隔をあけるか徐行しなければならない。

4

交通ルールには重要な原理原則がありますが、これに当てはまらない例外が存在します。学科試験でも多く出題され、間違いやすい傾向があるので要注意です。

▼正解　▼ポイント解説＆アドバイス　　　　　　　▼ルール参照ページ

A ✕ **B** ◯	**❗「自動車」と「原動機付自転車」の違いを覚える** ➡ P.20 主語の違いに注目してください。問題Aでは、二段階右折する原動機付自転車は青色の灯火信号に従って右折できないので、答えは「✕」になります。一方、問題Bの主語の「自動車」は、直進、左折、右折することができるので、答えは「◯」です（原動機付自転車は自動車に含まれない）。

A ◯ **B** ◯	**❗警察署長の許可を受ければ制限を超えられる** ➡ P.28 原動機付自転車を運転するときは、原則として荷台から規定の大きさを超える荷物を積んではいけません（設問Bは◯）。しかし、荷物を分割できないため、規定の制限を超える場合で、出発地の警察署長の許可を受ければ、例外として積載することができます（設問Aは◯）。

A ✕ **B** ◯	**❗歩道や路側帯は横切ることができる** ➡ P.34 自動車や原動機付自転車は、歩道や路側帯を通行してはいけません。しかし、道路に面した場所に出入りするために横切る場合は、歩道や路側帯を通行することができます。このことから、Aの答えは「✕」、Bの答えは「◯」になります。なお、横切る場合は、その手前で一時停止が必要です。

A ✕ **B** ◯	**❗通行できる車も徐行が必要** ➡ P.35 設問の標識は「歩行者専用」を表し、原則として車の通行が禁止されていますが、沿道に車庫を持つ車など、とくに通行が認められた車だけは通行できるので、Aの答えは「✕」、Bの答えは「◯」になります。ただし、許可を受けて通行するときは、歩行者に注意して徐行しなければなりません。

A ◯ **B** ✕	**❗特に保護が必要な歩行者には一時停止か徐行** ➡ P.36・P.38 歩行者や自転車のそばを通る車は、安全な間隔をあけるか徐行しなければなりません。一方、特に注意が必要な交通最弱者に対しては、一時停止か徐行をして、安全に通行できるようにしなければなりません。ということから、問題Aの答えは「◯」、Bの答えは「✕」になります。

6	**A**	横断歩道に近づいたとき、横断する歩行者が明らかにいない場合は、減速しないでそのままの速度で進行してもよい。
	B	横断歩道に近づいたとき、横断する歩行者がいるかいないか明らかでない場合は、徐行しなければならない。
	C	横断歩道に近づいたとき、横断する歩行者がいる場合は、歩行者に注意して徐行しなければならない。

ジャンル6 緊急自動車・路線バスなどの優先に関する問題

7	**A**	近くに交差点がない一方通行の道路で緊急自動車が近づいてきた場合は、必ず道路の左側に寄って進路を譲る。
	B	近くに交差点がないところで緊急自動車が近づいてきた場合は、道路の左側に寄って進路を譲るのが原則である。

8	**A**	右の標識のある通行帯を、原動機付自転車で通行した。	
	B	右の標識のある通行帯を、普通自動車で通行した。	

ジャンル7 最高速度に関する問題

9	**A**	右の標識のある道路を通行する自動車は、時速40キロメートルを超えてはならない。	
	B	右の標識のある道路を通行する原動機付自転車は、時速40キロメートルで運転することができる。	

ジャンル8 徐行に関する問題

10	**A**	信号機がある左右の見通しのきかない交差点を通過するときは、徐行しなくてもよい。
	B	見通しがきかない交差点を通過するときは、優先道路を通行していても徐行しなければならない。

A ○
B ×
C ×

❗横断歩道に近づくときの３つのケース　➡P.37

横断歩道に近づいた車は、歩行者の有無や動向で対応方法が異なります。次の３つのケースを覚えておきましょう。

①横断する歩行者が明らかにいない場合は、そのまま進める（問題A「○」）。

②横断する歩行者がいるかいないか明らかでない場合は、横断歩道の手前で停止できるように速度を落として進む（徐行ではないので問題Bは「×」）。

③歩行者が横断している、または横断しようとしている場合は、横断歩道の手前で一時停止して歩行者に道を譲る（徐行ではないので問題Cは「×」）。

A ×
B ○

❗進路を譲る場合の原則はあくまで左側　➡P.39

交差点やその付近以外のところで緊急自動車が接近してきた場合は、原則として道路の左側に寄って進路を譲ります（問題Bは「○」）。しかし、一方通行の道路では右側に寄って進路を譲る場合があります。それは、左側に寄るとかえって緊急自動車の妨げとなる場合です（問題Aは「×」）。

A ○
B ×

❗「専用通行帯」でも通行できる車がある　➡P.40

設問の標識は路線バスなどの「専用通行帯」を表し、原則として路線バスなど以外の車は通行してはいけません。しかし、小型特殊自動車、原動機付自転車、軽車両は例外として通行することができるので、Aの答えは「○」、Bは「×」になります。

A ○
B ×

❗原動機付自転車は時速30キロメートルを超えられない　➡P.41

主語の違いに注目してください。標識や標示によって最高速度が指定されている道路では、車はその速度（規制速度）を超えて運転してはいけません（問題Aは「○」）。しかし、原動機付自転車は、規制速度が時速30キロメートルを超える場合でも、時速30キロメートルを超えてはいけません（問題Bは「×」）。

A ○
B ×

❗２つの例外を覚えておく　➡P.43

左右の見通しのきかない交差点を通過するときは、原則として徐行しなければなりませんが、次のような例外があります。

①信号機などで交通整理が行われている場合（問題Aは「○」）。

②優先道路を通行している場合（問題Bは「×」）。

ジャンル9 追い越しに関する問題

11

A 優先道路を通行している場合でも、交差点の手前から30メートル以内の場所では追い越しをしてはいけない。

B 交差点とその手前30メートル以内の場所は、原則として追い越しが禁止されている。

ジャンル10 進路変更に関する問題

12

A 右図のような車両通行帯のある道路では、原則として黄色の線を越えて進路変更してはいけない。

B 右図の車両通行帯のある道路が工事のため通行できないときは、黄色の線を越えて進路変更してもよい。

歩道　　黄色　　中央線

ジャンル11 交差点の通行に関する問題

13

A 信号機のない道路の交差点を右折する原動機付自転車は、自動車と同じ方法で右折しなければならない。

B 交通整理の行われている道路の交差点を右折する原動機付自転車は、どんな場合も二段階右折しなければならない。

ジャンル12 駐停車に関する問題

14

A 駐車したとき、車の右側の道路上に3.5メートル以上の余地がなくなる場所では、原則として駐車してはいけない。

B 車の右側の道路上に3.5メートル以上の余地がなくなる場所でも、傷病者の救護のためやむを得ないときは、駐車することができる。

ジャンル13 危険な場所・場合での運転に関する問題

15

A 夜間、見通しの悪い交差点やカーブの手前では、前照灯を上向きにするか点滅させて、他車や歩行者に自車の接近を知らせる。

B 霧の中を走行するときは、見通しをよくするため前照灯を上向きにする。

A ✕
B ○

❗優先道路を通行している場合は追い越しOK　➡P.49

交差点とその手前から30メートル以内は、追い越し禁止場所に指定されています。ただし、優先道路を通行している場合を除くという例外もありますので、問題Aは「✕」、問題Bは「○」になります。

A ○
B ○

❗黄色の線を越えてもよい例外がある　➡P.51

車両通行帯が黄色の線で区画されている道路は、進路変更禁止を表しています（問題Aは「○」）。しかし、次の場合は例外として進路変更することができます。
①緊急自動車に進路を譲るとき。
②道路工事などで通行できないとき（問題Bは「○」）。

A ○
B ✕

❗信号機のある片側3車線以上は「二段階」　➡P.53

原動機付自転車が交差点を右折する場合は、二段階と小回りの方法があります。二段階右折が必要なのは次の交差点です（問題Aは「○」、Bは「✕」）。
①信号機のある片側3車線以上ある道路の交差点。
②「原動機付自転車の右折方法（二段階）」の標識がある道路の交差点。

A ○
B ○

❗余地をあけずに駐車できる2つの例外がある　➡P.61

車を道路上に駐車するときは、他の車が通れるように、車の右側に3.5メートル以上の余地をあけるのが原則です（設問Aは○）。しかし、荷物の積みおろしで運転者がすぐに運転できるときと、傷病者の救護のためやむを得ないときは、例外として3.5メートル以上の余地をあけずに駐車できます（設問Bは○）。

A ○
B ✕

❗ライトは原則として上向き、状況によって下向きにする　➡P.66

見通しの悪い場所では、自車の存在を知らせるため、前照灯を上向きのままにします（問題Aは「○」）。反対に、霧が発生したときに前照灯を上向きにすると、光が乱反射してかえって見づらくなってしまうので、下向きにして運転します（問題Bは「✕」）。

最後に一言 自分の苦手ジャンルがわかりましたか？
P.16からの「試験に出る交通ルール」で覚えていきましょう！

CONTENTS

試験に出る交通ルール
ジャンル別に要点をまる暗記！

原付免許 本試験模擬テスト
間違えたらルールに戻って再チェック！

※本書の情報は、原則として 2022 年 5 月 13 日現在の法令等に基づいて編集しています。

学科試験合格のポイント❶

文章問題 はここに注意!

1 用語の意味を正しく覚える

交通用語には独特のものがあり、正しく覚えておかなければ正解できない用語もあります。たとえば、原動機付自転車と軽車両は「自動車」には含まれませんが、「車」には含まれます。

例題 前方の信号が青色の灯火の場合、すべての車は、直進、左折、右折することができる。

答✕ 二段階右折が必要な原動機付自転車と軽車両は、右折できません。

2 「例外」があるルールに気をつける

問題文に「必ず」「すべての」「どんな場合も」といった強調する言葉が出てきたときは、例外がないか注意しなければなりません。

例題 通行に支障のある高齢者が歩いているときは、必ず一時停止して保護しなければならない。

答✕ 一時停止または徐行をして、高齢者が安全に通行できるようにします。

学科試験合格のポイント❷

イラスト問題 はここに注意!

1 2問とも間違えると合格がむずかしくなる

イラスト問題は1問につき3つの設問があり、1つでも間違えると得点になりません。2問とも間違えると「−4点」となり、合格がむずかしくなります。イラストをよく見て答えましょう。

2 「〜するかもしれない」という考え方が大切

「危険を予測した運転」がテーマのイラスト問題は、さまざまな交通の場面が運転者の目線で再現されています。イラストに示された状況で、運転者がどのように運転すれば安全か、どのように危険を回避すればよいかなどを問うものです。「〜だろう」ではなく、「〜するかもしれない」という考え方で危険を予測することが大切です。

3 「以上・以下」「超える・未満」の違いを理解する

問題文に数字が出てくる問題では、範囲を示す言葉に注意します。「以上・以下」はその数字を含み、「超える・未満」はその数字を含まないことを覚えておきましょう。

例題 幅が 0.75 メートル以下の白線 1 本の路側帯（ろそくたい）のある道路では、路側帯の中に入って駐車することができる。

答 ✕ 　中に入れるのは、幅が 0.75 メートルを<u>超える</u>白線 1 本の路側帯です。

4 まぎらわしい標識に注意する

標識には似たようなデザインのものがあります。色や形に注意して正しく覚えておきましょう。

3 見える危険はもちろん、見えない危険も予測する

イラストには、さまざまな危険が潜（ひそ）んでいます。歩行者や対向車の動向、後続車の有無（うむ）、信号の状況（じょうきょう）などを考えた運転が求められます。さらに、車のかげにいる歩行者など、目に見えない危険も予測して解答していきましょう。

13

受験ガイド

＊受験の詳細は、事前に各都道府県の試験場のホームページなどで確認してください。

受験できない人

1	年齢が 16 歳に達していない人
2	免許を拒否された日から起算して、指定期間を経過していない人
3	免許を保留されている人
4	免許を取り消された日から起算して、指定期間を経過していない人
5	免許の効力が停止、または仮停止されている人

＊一定の病気（てんかんなど）に該当するかどうかを調べるため、症状に関する質問票（試験場にある）を提出してもらいます。

受験に必要なもの

1	住民票の写し（本籍記載のもの）、または小型特殊免許
2	運転免許申請書（用紙は試験場にある）
3	証明写真（縦 30 ミリメートル×横 24 ミリメートル、6 か月以内に撮影したもの）
4	受験手数料、免許証交付料（金額は事前に確認のこと）

＊はじめて免許証を取る人は、健康保険証やパスポートなどの身分を証明するものの提示が必要です。

適性試験の内容

1	視力検査	両眼が 0.5 以上あれば合格。片方の目が見えない人でも、見えるほうの視力が 0.5 以上で視野が 150 度以上あれば合格。メガネ、コンタクトレンズの使用も可。
2	色彩識別能力検査	信号機の色である「赤・黄・青」を見分けることができれば合格。
3	運動能力検査	手足、腰、指などの簡単な屈伸運動をして、車の運転に支障がなければ合格。義手や義足の使用も可。

＊身体や聴覚に障害がある人は、あらかじめ運転適性相談を受けてください。

学科試験の内容と原付講習

1	合格基準	問題を読んで別紙のマークシートの「正誤」欄に記入する形式。文章問題が 46 問（1 問 1 点）、イラスト問題が 2 問（1 問 2 点。ただし、3 つの設問すべてに正解した場合に得点）出題され、50 点満点中 45 点以上で合格。制限時間は 30 分。
2	原付講習	実際に原動機付自転車に乗り、操作方法や運転方法などの講習を 3 時間受ける。なお、学科試験合格者を対象に行う場合や、事前に自動車教習所などで講習を受け、「講習修了書」を持参するなど、形式は都道府県によって異なる。

交通ルール

ジャンル別に要点をまる暗記!

1 覚えておきたい交通用語

車に関するおもな用語

ポイント001 **車（車両）**…自動車、原動機付自転車、軽車両、トロリーバスをいう。

ポイント002 **自動車**…原動機を用い、レールや架線によらずに運転する車で、原動機付自転車、自転車、車いすなど以外のもの。

ポイント003 **原動機付自転車**…エンジンの総排気量が 50cc 以下の二輪のもの（スリーターを含む）、または定格出力が 0.60 キロワット以下のもの。

ポイント004 **軽車両**…自転車（低出力の電動式を含む）、荷車、リヤカー、そり、牛馬など。

ポイント005 **大型・普通自動二輪車**…エンジンの総排気量が 400cc を超え、または定格出力が 20.0 キロワットを超える二輪の自動車が「大型自動二輪車」、50cc を超え 400cc 以下、または定格出力が 0.6 キロワットを超え 20.0 キロワット以下の二輪の自動車が「普通自動二輪車」（いずれも側車付きを含む）。

●「車など（車両等）」の区分

ポイント006

道路に関するおもな用語

ポイント007 **道路**…一般の人や車が自由に通行できる場所（公園、空き地、私道などを含む）。

ポイント008 **歩道**…歩行者の通行のため縁石線、さく、ガードレールなどの工作物や道路標示によって区分された道路の部分。

ポイント009 **車道**…車の通行のため縁石線、さく、ガードレールなどの工作物や道路標示によって区分された道路の部分。

ポイント010 **路側帯**…歩行者の通行のためや車道の効用を保つため、歩道のない道路に白線によって区分された道路の端の帯状の部分。

ポイント011 **車両通行帯**…車が道路の定められた部分を通行するように、標示によって示された道路の部分（車線やレーンともいう）。

ポイント012 **交差点**…十字路、T字路、その他2つ以上の道路が交わる部分。

試験にはこう出る！

Q1 原動機付自転車や軽車両は、自動車には含まれない。
答○ 原動機付自転車は自動車ではなく、車（車両）に含まれます。

Q2 歩道のない道路に白線で示された端の帯状の部分を車両通行帯という。
答✕ 道路の端の帯状の部分は、車両通行帯ではなく路側帯です。

2 運転前のチェックポイント

ポイント 013 所持品を確認する

免許証を携帯する。メガネ使用などの条件付きで免許を受けている場合は、免許証に記載されている条件を守る。

強制保険（自動車損害賠償責任保険または責任共済）の証明書は、車に備えつける。

ポイント 014 運転計画を立てる

地図などを見て、あらかじめルートや所要時間、休憩場所などの計画を立てる。

2時間に1回

長時間運転するときは、少なくとも2時間に1回は休息をとる。

ポイント 015 運転を控えるとき

疲れているとき、病気のとき、心配事があるときなどは運転しない。睡眠作用のあるかぜ薬などを服用したときも同様。

ポイント 016 飲酒運転は禁止

少しでも酒を飲んだら、絶対に運転してはいけない。また、酒を飲んだ人に車を貸したり、これから運転する人に酒を勧めたりしてはいけない。

試験にはこう出る！

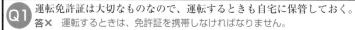

Q1 運転免許証は大切なものなので、運転するときも自宅に保管しておく。
答✕ 運転するときは、免許証を携帯しなければなりません。

Q2 体調が悪いときは注意して運転するべきだが、運転を控える必要はない。
答✕ 無理して運転せずに、体調を整えてから運転するようにします。

3 安全運転のための知識

ポイント017　安全運転のための3ポイント

①認知…危険な情報を早く発見する。
②判断…避けるか止まるかなどの運転行動を考える。
③操作…ハンドルで避けたり、ブレーキをかけたりする。

認知 ▶ 判断 ▶ 操作

ポイント018　携帯電話は使用しない

運転中は、通話のために携帯電話を使用してはいけない。片手運転となり、非常に危険（事前に電源を切ったり、ドライブモードなどに切り替えておく）。

運転中は、メールなどの送受信を行うために携帯電話の画面を注視してはいけない。周囲の安全確認ができなくなり、非常に危険。

ポイント019　視覚の重要性を知る

運転で最も重要な感覚は視覚。疲労は目に最も影響が現れ、見落としや見誤りが多くなる。

明るさが急に変わると、視力は一時、急激に低下する。

視力は高速になるほど低下し、近くのものが見えにくくなる。

試験にはこう出る！

Q1 携帯電話は、運転前に電源を切るなどして呼出音が鳴らないようにする。
答○　電源を切ったり、ドライブモードに設定しておきましょう。

Q2 視力は、暗いところから急に明るいところへ出ると一時的に低下する。
答○　急にまぶしくなり、視力は一時的に低下します。

車に働く自然の力を知る

ポイント 020 ●遠心力

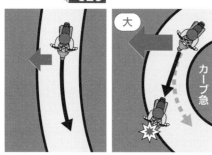

遠心力は、速度の二乗に比例して大きくなる。また、カーブの半径が小さくなる（急カーブになる）ほど大きくなる。

ポイント 021 ●衝撃力

衝撃力は、速度と重量に応じて大きくなる。また、固い物にぶつかるほど大きくなる。

ポイント 022 ●制動距離

制動距離（P41参照）は、速度の二乗に比例して大きくなる。

濡れたアスファルト路面を走るときは、タイヤと路面との摩擦抵抗が小さくなり、制動距離が長くなる。

ポイント 023 交通公害を防止する

不必要な急発進や急ブレーキ、空ぶかしは、交通公害の原因になるので避ける。

光化学スモッグが発生したとき、または発生するおそれのあるときは、車の運転を控える。

4 信号機の信号の意味

ポイント024　青色の灯火信号の意味

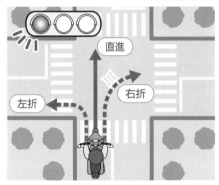

直進

右折

左折

車（軽車両、二段階右折する原動機付自転車を除く）は、直進、左折、右折できる。軽車両は、直進、左折できる。

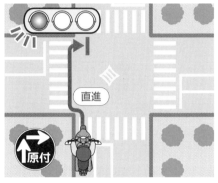

直進

原付

二段階右折する原動機付自転車は、交差点を直進し、右折地点で向きを変え、前方の信号が青になってから進行する。

ポイント025　黄色の灯火信号の意味

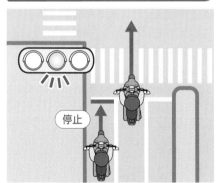

停止

車は、停止位置から先に進んではいけない。ただし、停止位置で安全に停止できないときは、そのまま進める。

ポイント026　赤色の灯火信号の意味

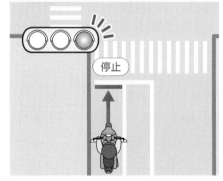

停止

車は、停止位置を越えて進んではいけない。

試験にはこう出る！

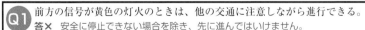

Q1 前方の信号が黄色の灯火のときは、他の交通に注意しながら進行できる。
答✕　安全に停止できない場合を除き、先に進んではいけません。

Q2 前方の信号が青色の灯火のとき、車はどんな交差点でも直進、左折、右折できる。
答✕　二段階右折する原動機付自転車と軽車両は右折できません。

ポイント 027 青色の矢印信号（右向き矢印の場合）の意味

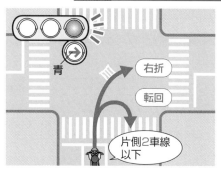

右折
転回
片側2車線以下

車は、右折、転回できる。ただし、二段階の方法で右折する原動機付自転車と軽車両は、右折、転回できない。

右折・転回できない
片側3車線以上

軽車両と二段階右折する原動機付自転車は進めない（右向き以外の矢印の場合、車は矢印の方向に進める）。

ポイント 028 黄色の矢印信号の意味

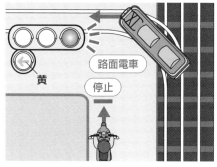

路面電車
停止

路面電車は、矢印の方向に進める。車は進めない。

ポイント 029 赤色の点滅信号の意味

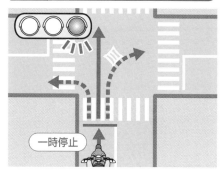

一時停止

車は停止位置で一時停止し、安全を確認したあとに進める。

ポイント 030 黄色の点滅信号の意味

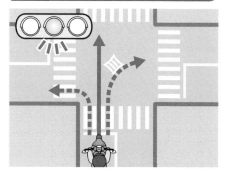

車は、他の交通に注意して進める。

ポイント 031 「左折可」の標示板があるとき

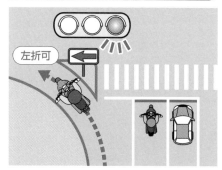

左折可

前方の信号が赤や黄でも、他の交通に注意して左折できる。

5 警察官などの信号の意味

ポイント 032 腕を水平に上げているとき

身体の正面に対面する交通
➡赤色の灯火信号と同じ。
身体の正面に平行する交通
➡青色の灯火信号と同じ。

ポイント 033 腕を垂直に上げているとき

身体の正面に対面する交通
➡赤色の灯火信号と同じ。
身体の正面に平行する交通
➡黄色の灯火信号と同じ。

ポイント 034 灯火を横に振っているとき

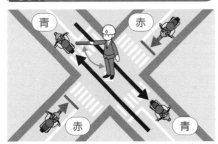

身体の正面に対面する交通
➡赤色の灯火信号と同じ。
身体の正面に平行する交通
➡青色の灯火信号と同じ。

ポイント 035 灯火を頭上に上げているとき

身体の正面に対面する交通
➡赤色の灯火信号と同じ。
身体の正面に平行する交通
➡黄色の灯火信号と同じ。

ポイント 036
＊「警察官など」とは、警察官と交通巡視員のことをいう。
＊警察官などの手信号・灯火信号が、信号機の信号と異なる場合は、警察官などの信号に従う。

試験にはこう出る！

Q1 腕を垂直に上げた警察官に対面したときは、黄色の灯火と同じである。
答✕　対面する交通は、赤色の灯火と同じ意味を表します。

Q2 灯火を横に振った警察官に平行する交通は、青色の灯火と同じである。
答○　平行する交通は、青色の灯火と同じ意味を表します。

ポイント
037

ポイント
038

6 運転免許の種類

ポイント **037** 運転免許は3種類

第一種運転免許	自動車や原動機付自転車を運転するときに必要な免許。
第二種運転免許	タクシーやバスなどの旅客自動車を旅客運送する目的で運転するときや、代行運転自動車（普通自動車）を運転するときに必要な免許。
仮運転免許	練習や試験などのために大型・中型・準中型・普通自動車を運転するときに必要な免許。

ポイント **038** 第一種運転免許の種類と運転できる車

運転できる車 / 免許の種類	大型自動車	中型自動車	準中型自動車	普通自動車	大型特殊自動車	大型自動二輪車	普通自動二輪車	小型特殊自動車	原動機付自転車
大 型 免 許	●	●	●	●				●	●
中 型 免 許		●	●	●				●	●
準中型免許			●	●				●	●
普 通 免 許				●				●	●
大型特殊免許					●			●	●
大型二輪免許						●	●	●	●
普通二輪免許							●	●	●
小型特殊免許								●	
原 付 免 許									●
け ん 引 免 許	大型・中型・準中型・普通・大型特殊自動車で、他の車をけん引するときに必要（総重量750キログラム以下の車をけん引するとき、故障車をロープなどでけん引するときを除く）								

ポイント **039** ＊自動車や原動機付自転車を運転できる免許を所持しないで運転すると、免許証不携帯の違反となる（無免許運転ではない）。

試験にはこう出る！

Q1 原付免許を取ると、原動機付自転車と小型特殊自動車を運転できる。
答✕ 原付免許では、原動機付自転車しか運転できません。

Q2 運転免許は、第一種・第二種・仮運転免許の3種類に区分されている。
答〇 運転免許は、設問のような3種類に区分されています。

7 標識の種類と規制標識の意味

ポイント 040 標識は「本標識」と「補助標識」の2種類

本標識…交通規制などを示す標示板のこと。
補助標識…本標識に取り付けられ、その意味を補足するもの。

本標識は4種類

ポイント 041 規制標識	通行止め	歩行者専用	徐行	一方通行
特定の交通方法を禁止したり、特定の方法に従って通行するよう指定するもの				

ポイント 042 指示標識	停車可	中央線	停止線	自転車横断帯
特定の交通方法ができることや、道路交通上決められた場所などを指示するもの	停			

ポイント 043 警戒標識	右方屈曲あり	落石のおそれあり	幅員減少	上り急こう配あり
道路上の危険や注意すべき状況などを前もって道路利用者に知らせて注意を促すもの	黄	 黄	黄	黄

ポイント 044 案内標識	方面と距離	方面・方向と道路の通称名	駐車場	国道番号
地点の名称、方面、距離などを示して、通行の便宜を図ろうとするもの				

試験にはこう出る！

 Q1 本標識には、規制・指示・警戒・案内・補助標識の5種類がある。
答✕ 補助標識を除き、全部で4種類があります。

Q2 規制標識とは、道路上の危険や注意すべき状況を知らせるものである。
答✕ 規制標識は、特定の交通方法を禁止したり、通行方法を指定したりするものです。

ポイント 045 車両通行止め	ポイント 046 二輪の自動車以外の自動車通行止め	ポイント 047 二輪の自動車・原動機付自転車通行止め
車は通行できない。	二輪の自動車以外の自動車は通行できない。原動機付自転車は通行できる。	二輪の自動車と原動機付自転車は通行できない。
ポイント 048 車両横断禁止	ポイント 049 追越しのための右側部分はみ出し通行禁止	ポイント 050 追越し禁止

車は、道路の右側の施設などに入るため、右折を伴う横断をしてはいけない。	車は、道路の右側部分にはみ出して追い越しをしてはいけない。	車は、追い越しをしてはいけない。
ポイント 051 駐停車禁止（8〜20時）	ポイント 052 駐車禁止（8〜20時）	ポイント 053 最高速度（時速40キロメートル）
車は、駐停車してはいけない（8時から20時まで）。	車は、駐車してはいけない（8時から20時まで）。	表示された速度を超えて運転してはいけない。ただし、原動機付自転車の最高速度は時速30キロメートル。
ポイント 054 原動機付自転車の右折方法（二段階）	ポイント 055 警笛区間	ポイント 056 一時停止

原動機付自転車は右折するとき、二段階の方法で右折しなければならない。	この標識のある区間内の指定場所で、警音器を鳴らさなければならない。	車は、交差点の直前（停止線があるときはその直前）で、一時停止しなければならない。

運転前の確認事項

標識の種類と規制標識の意味

25

8 その他の標識の意味

おもな指示標識の意味

ポイント057 優先道路	ポイント058 安全地帯	ポイント059 横断歩道
優先道路(P.54参照)であることを表す。	安全地帯(P.36参照)であることを表す。	横断歩道であることを表す。

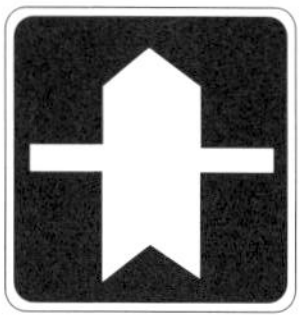

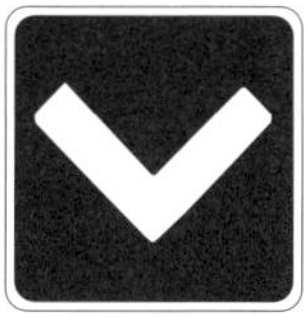

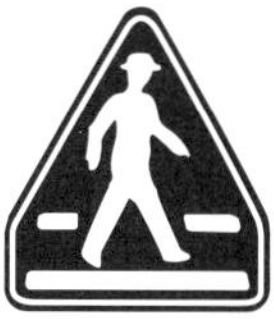

おもな警戒標識の意味

ポイント060 道路工事中	ポイント061 学校、幼稚園、保育所などあり	ポイント062 踏切あり
黄	黄	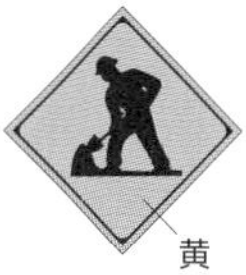 黄
この先の道路が工事中であることを表す。	この先に学校、幼稚園、保育所などがあることを表す。	この先に踏切があることを表す。

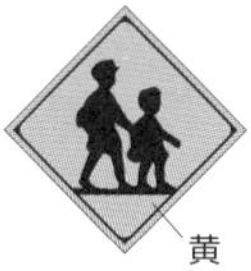

おもな案内標識の意味

ポイント063 方面と方向の予告	ポイント064 待避所
方面と方向の予告を表す。	待避所であることを表す。

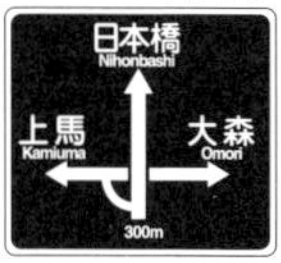

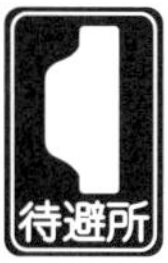

おもな補助標識の意味

ポイント065 終わり	ポイント066 車の種類
本標識の規制区間がここで終わることを表す。	大貨等(大型貨物・特定中型貨物・大型特殊自動車)を表す。

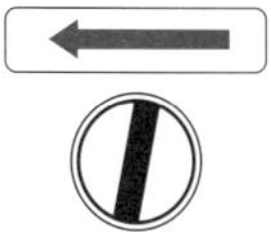

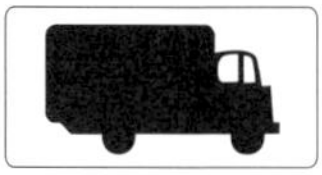

試験にはこう出る！

Q1 図1の標識は、交差する道路が優先道路であることを表す。
答✕ 「優先道路」を表し、この標識のある道路が優先道路です。

Q2 図2の標識は、この先に電車の駅があることを表す。
答✕ 「踏切あり」の標識で、駅の予告ではありません。

 図1 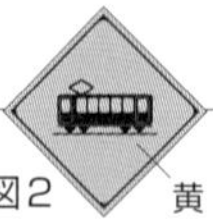 図2 黄

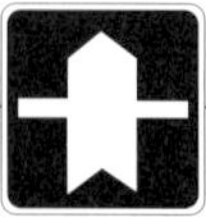

9 標示の種類と意味

ポイント 067 標示は2種類

標示 ………ペイントや道路びょうなどによって路面に示された線や記号、文字のことをいい、「規制標示」と「指示標示」の2種類がある。

規制標示 …特定の交通方法を禁止または指定するもの。

指示標示 …特定の交通方法ができることや道路交通上決められた場所などを指示するもの。

おもな規制標示の意味

ポイント 068 転回禁止

黄

車は、転回（Uターン）してはいけない。

ポイント 069 駐車禁止

黄

車は、駐車してはいけない。黄色の破線で示される。

ポイント 070 立入り禁止部分

黄

車は、黄色で示された枠内に入ってはいけない。

おもな指示標示の意味

ポイント 071 前方優先道路

前方の交差する道路が優先道路であることを表す。

ポイント 072 右側通行

車は、道路の右側部分を通行できる。

ポイント 073 安全地帯

軌道
黄

安全地帯であることを表す。

試験にはこう出る！

標示とは、ペイントなどで路面に示された線や記号、文字のことをいう。
答〇 標示は、ペイントやびょうなどで路面に示されています。

標示には、規制標示と案内標示の2種類がある。
答✕ 規制標示と指示標示の2種類があります。案内標示はありません。

最重要暗記ポイント ▶ ポイント 076 ／ ポイント 077

10 乗車定員と積載の制限

ポイント 074 乗車定員は1人

原動機付自転車は、二人乗りをしてはいけない。

ポイント 075 けん引は1台まで

120キログラム以下

リヤカーを1台けん引できる。その場合の荷物の重さは120キログラムまで。

荷物を積むときの制限

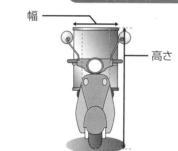

幅

高さ

重さ

長さ

ポイント 076 ●高さと重さの制限

高さ…地上から2メートル以下。
重さ…30キログラム以下。

ポイント 077 ●長さと幅の制限

長さ…荷台の長さ＋後方に0.3
　　　メートル以下。
幅…荷台の幅＋左右にそれぞれ
　　0.15メートル以下。

ポイント 078 ＊荷台に荷物を積むときは、ロープなどで確実に固定し、転落や飛散しないように努める。

試験にはこう出る！

Q1 幼児を背負って、原動機付自転車を運転した。
答✕　原動機付自転車の乗車定員は、運転者1人のみです。

Q2 原動機付自転車に積める高さ制限は、荷台から2メートル以下である。
答✕　荷台からではなく、地上から2メートル以下です。

運転前の確認事項

最重要暗記ポイント ▶

ポイント
080

ポイント
087

11 原動機付自転車の点検

日常点検と点検項目

ポイント 079 日常点検…運転者自身が、走行距離や運行時の状況などから判断した適切な時期に点検を行う。

ポイント 080 ●ブレーキ

あそび

あそび（15〜20ミリメートル）や効きは十分か。

ポイント 081 ●車輪

ガタつきやゆがみはないか。

ポイント 082 ●タイヤ

空気圧は適正か、亀裂や損傷はないかなど。

ポイント 083 ●チェーン

緩んだり、張りすぎたりせず、適度なあそびがあるか（スクーターを除く）。

ポイント 084 ●ハンドル

ガタつきはないか、重くないか、ワイヤーが引っかかっていないか。

ポイント 085 ●灯火類

ライトや方向指示器は正常につくか。

ポイント 086 ●バックミラー

後方がよく見えるか、破損していないか。

ポイント 087 ●マフラー

完全に取り付けられているか、破損していないか。

適切な時期

試験にはこう出る！

Q1 二輪車のチェーンは、緩まないようにピーンと張っておくのがよい。
答✕　二輪車のチェーンは、適度なあそびが必要です。

Q2 二輪車の日常点検は、適切な時期に運転者自身が行う。
答〇　日常点検は、日ごろの運行状況から判断して運転者自身が行います。

12 正しい乗車姿勢

安全運転のための乗車姿勢

肩

目

ひじ

手

腰

ひざ

足

ポイント 088 **目** …視線を前方に向け、周囲の情報をつねに収集する。

ポイント 089 **肩** …力を抜き、自然体を保つ。

ポイント 090 **ひじ** …下に少し曲げて、衝撃を吸収する。

ポイント 091 **手** …グリップを軽く握り、ハンドルを前に押すようなつもりで持つ。

ポイント 092 **腰** …運転操作しやすい位置に座る。

ポイント 093 **ひざ** …シートやタンクを軽く挟む（ニーグリップ）。

ポイント 094 **足** …ステップ（ボード）に乗せ、つま先を前方に向ける。

ポイント 095 **疲労の軽減** …よい運転姿勢は、正しい運転操作が可能になり、疲労も少なくなる。

試験にはこう出る！

Q1 正しい乗車姿勢は、安全運転に役立つだけでなく疲労も軽減できる。
答○ 運転姿勢がよいと運転操作が正しくでき、疲労も少なくなります。

Q2 二輪車に乗るときは、つま先を外側に向け、ひざを開いて運転する。
答✕ つま先を前方に向け、ひざは開かないようにして運転します。

13 運転するときの服装

運転に適した服装

ヘルメット

グローブ

ウェア

シューズ

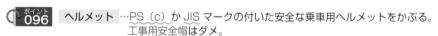

ポイント **096** | **ヘルメット** …PS（c）か JIS マークの付いた安全な乗車用ヘルメットをかぶる。工事用安全帽はダメ。

ポイント **097** | **ウェア** …体の露出が少ない長そでで、長ズボンを着用し、できるだけプロテクターを着用する。目につきやすい色のものを選ぶ。

ポイント **098** | **グローブ** …万一の転倒に備えてグローブを着用する。操作性のよいものを選ぶ。

ポイント **099** | **シューズ** …げたやハイヒールなどは運転の妨げになるので避け、乗車用ブーツか運動靴を履く。

試験にはこう出る！

Q1 夜間、原動機付自転車を運転するときは、反射材の付いた服がよい。
答○ 反射材の付いた目につきやすい服を着用しましょう。

Q2 自転車用ヘルメットや工事用ヘルメットは、二輪に乗るときに適さない。
答○ いずれも乗車用ヘルメットではありません。

最重要暗記ポイント

ポイント
102

ポイント
103

1 車が通行する場所

ポイント 100 車道を通行する

車は、歩道や路側帯と車道の区別のある
道路では、車道を通行する。

ポイント 101 左側通行が原則

車は、中央線がないときは道路の中央か
ら左の部分を通行し、中央線があるとき
（車両通行帯がない道路）は中央線から
左の部分を通行する。

ポイント 102 車両通行帯があるとき

片側2車線の道路では、車は左側の車両
通行帯を通行する。

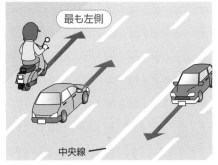

片側3車線以上の道路では、原動機付自
転車は速度が遅いので、最も左側の車両
通行帯を通行する。

＊最も右側の車両通行帯は、右折や追い越しのためにあけておく。

試験にはこう出る！

片側2車線の道路では、車はどちらの車両通行帯を通行してもよい。
答✕　右折や追い越しなどを除き、左側の車両通行帯を通行します。

Q2
一方通行の道路では、右側部分にはみ出して通行してもよい。
答〇　反対方向から車が来ないので、右側部分にはみ出せます。

ポイント 103　右側部分にはみ出して通行できる４つの場合

道路が一方通行になっているとき。

工事などで十分な道幅がないとき。

6メートル未満

左側部分の幅が6メートル未満の見通しのよい道路で追い越しをするとき（禁止されている場合を除く）。

右側通行の標示

「右側通行」の標示があるとき。

＊一方通行以外の道路では、はみ出し方をできるだけ少なくする。

ポイント 104　通行するときの注意点

中央線

車両通行帯からはみ出したり、２つの車両通行帯にまたがったりして通行してはいけない。

中央線

同一の車両通行帯を通行し、みだりに進路を変えて通行してはいけない。

2 車が通行してはいけない場所

ポイント 105 標識や標示で通行が禁止されているところ

通行止め

歩行者専用

立入り禁止部分

安全地帯

ポイント 106 歩道・路側帯

自動車や原動機付自転車は、歩道や路側帯を通行してはいけない。

例外 道路に面した場所に出入りするために横切るときは通行できる。この場合、歩行者の有無にかかわらず、その直前で一時停止が必要。

歩行者

ポイント 107 ＊二輪車のエンジンを止めて押して歩くときは歩行者として扱われるので、歩道や路側帯を通行できる（側車付きやけん引している車を除く）。

試験にはこう出る！

Q1 原動機付自転車は、渋滞しているときに限り、路側帯を通行できる。
答✕ 渋滞していても、路側帯を通行してはいけません。

Q2 道路外に出るため路側帯を横切るときは、その直前で一時停止する。
答〇 歩行者の有無にかかわらず、一時停止しなければなりません。

34

ポイント 108　歩行者用道路

許可証

徐行

車は、歩行者用道路を通行してはいけない。

例外 沿道に車庫を持つなどを理由に許可を受けた車は通行できる。この場合、歩行者に注意して徐行が必要。

ポイント 109　軌道敷内

右折

車は、軌道敷内を通行してはいけない。

例外 右折する場合や危険防止、道路工事などでやむを得ない場合は通行できる。

ポイント 110　渋滞しているときは進入禁止

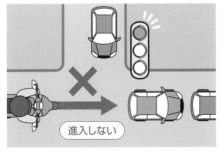

進入しない

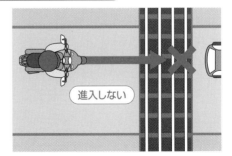

進入しない

交差する車の通行を妨げるおそれがあるときは、交差点に進入してはいけない。

前方の交通が混雑していて、踏切内で動きがとれなくなるおそれがあるときは、踏切に進入してはいけない。

＊横断歩道、自転車横断帯、「停止禁止部分」の標示がある場所へも、進入してはいけない。

3 歩行者などのそばを通るとき

ポイント 111 歩行者や自転車のそばを通るとき

歩行者や自転車との間に安全な間隔をあける。

安全な間隔をあけられないときは徐行する。

ポイント 112 安全地帯のそばを通るとき

安全地帯（乗り降りする人の安全を図るための場所）に歩行者がいるときは徐行する。

安全地帯に歩行者がいないときはそのまま進行できる。

ポイント 113 停止中の路面電車のそばを通るとき

後方で停止し、乗降客や横断する人がいなくなるまで待つ。

例外 安全地帯があるときと、安全地帯がなく乗降客がいない場合で、路面電車との間に 1.5 メートル以上の間隔がとれるときは、徐行して進める。

試験にはこう出る！

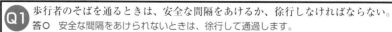

Q1 歩行者のそばを通るときは、安全な間隔をあけるか、徐行しなければならない。
答○ 安全な間隔をあけられないときは、徐行して通過します。

Q2 安全地帯に歩行者がいないときは、そのまま進行してもよい。
答○ 歩行者がいないときは、そのまま進行することができます。

ポイント
114

ポイント
116

4 横断歩道などを通行するとき

ポイント 114　横断歩道などに近づいたとき

そのまま

停止できる
ような速度

一時停止

横断する人が明らかにいないときは、そのまま進める。

横断する人がいるかいないか明らかでないときは、停止できるような速度で進む。

横断する人または横断しようとする人がいるときは、一時停止して歩行者に道を譲る。

＊自転車横断帯の自転車に対しても、同じように対処する。

ポイント 115　手前に停止車両があるとき

一時停止

横断歩道などの手前に停止車両があるときは、その前方に出る前に一時停止する。

ポイント 116　追い越し・追い抜き禁止

30メートル以内

横断歩道や自転車横断帯と、その手前30メートル以内の場所では、追い越しと追い抜きが禁止されている。

試験にはこう出る！

Q1 横断歩道に歩行者がいるときは、徐行して歩行者に道を譲る。
答✕　徐行ではなく、一時停止して歩行者に道を譲ります。

Q2 横断歩道の直前に停止車両があるときは、一時停止して安全を確認する。
答〇　車のかげで歩行者が見えないので、一時停止して安全を確認します。

5 子ども、高齢者などのそばを通るとき

ポイント 117 徐行か一時停止して保護する人

徐行
または
一時停止

- 一人歩きの子ども。
- 身体障害者用の車いすの人。
- 白か黄のつえを持った人。
- 盲導犬を連れた人。
- 通行に支障がある高齢者など。

ポイント 118 通学・通園バスのそばを通るとき

徐行

徐行して安全を確かめる。

マークを付けた車を保護する

ポイント 119 下記のマークを付けた車に対しては、やむを得ない場合を除き、幅寄せや割り込みをしてはいけない。

ポイント 120 ● 初心者 マーク	ポイント 121 ● 高齢者 マーク	ポイント 122 ● 身体障害者 マーク	ポイント 123 ● 聴覚障害者 マーク	ポイント 124 ● 仮免許 練習標識
黄　緑	黄緑　黒 オレンジ　緑 黄	青	緑 黄	仮免許 練習中
免許を受けて1年未満の人が、自動車を運転するときに付けるマーク。	70歳以上の人が、自動車を運転するときに付けるマーク。	身体に障害がある人が、自動車を運転するときに付けるマーク。	聴覚に障害がある人が、自動車を運転するときに付けるマーク。	運転の練習をする人が、自動車を運転するときに付けるマーク。

試験にはこう出る！

 Q1 一人歩きの子どもがいるときは、必ず一時停止しなければならない。
答✕　必ず一時停止する義務はなく、徐行して保護することもできます。

 Q2 聴覚障害者マークを付けた車に対しては、追い越しをしてはいけない。
答✕　追い越しや追い抜きは、とくに禁止されていません。

ポイント125
ポイント126

6 緊急自動車の優先

ポイント125 **交差点やその付近で緊急自動車が近づいてきたとき**

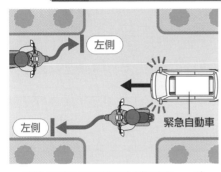

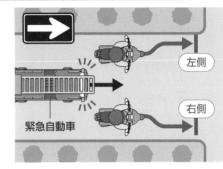

交差点を避けて道路の左側に寄り、一時停止して進路を譲る。

一方通行の道路で、左側に寄るとかえって緊急自動車の妨げになる場合は、右側に寄り、一時停止して進路を譲る。

ポイント126 **交差点付近以外のところで緊急自動車が近づいてきたとき**

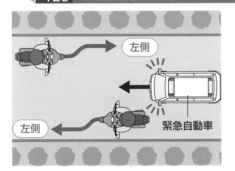

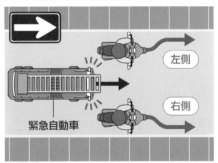

道路の左側に寄って進路を譲る。

一方通行の道路で、左側に寄るとかえって緊急自動車の妨げになる場合は、右側に寄って進路を譲る。

ポイント127 **緊急自動車とは**…緊急用務のために運転中の、パトカー、救急用自動車、消防用自動車、白バイなどの自動車をいう。

試験にはこう出る！

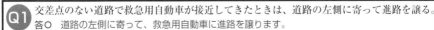

Q1 交差点のない道路で救急用自動車が接近してきたときは、道路の左側に寄って進路を譲る。
答○ 道路の左側に寄って、救急用自動車に進路を譲ります。

Q2 交差点内で緊急自動車が近づいてきたときは、その場で一時停止する。
答✕ 交差点を避け、道路の左側に寄って、一時停止して進路を譲ります。

一般道路の通行方法 子ども、高齢者などのそばを通るとき／緊急自動車の優先

最重要暗記ポイント ▶ ◯ ポイント129 ◯ ポイント130

7 路線バスなどの優先

ポイント128 バスが発進しようとしているとき

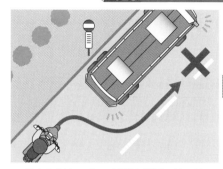

後方の車は、バスの発進を妨げてはいけない。

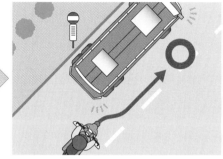

例外 急ブレーキや急ハンドルで避けなければならないときは先に進める。

ポイント129 専用通行帯の指定があるとき

通行できる

原動機付自転車、小型特殊自動車、軽車両は通行できる。指定車と小型特殊以外の自動車は、原則として通行してはいけない。

ポイント130 優先通行帯の指定があるとき

左側に寄る

車も通行できるが、路線バスなどが近づいてきたら、原動機付自転車、小型特殊自動車、軽車両は、左側に寄って進路を譲る。指定車と小型特殊以外の自動車は、その車線から出て進路を譲る。

ポイント131 「路線バスなど」とは…路線バスのほか、通学バス、通園バス、通勤送迎用バスをいう。

試験にはこう出る！

Q1 路線バスが発進の合図をしたときは、どんな場合でも、その発進を妨げてはならない。
答✕ 急ブレーキや急ハンドルで避けなければならないような場合は、進行できます。

Q2 原動機付自転車は、路線バスなどの専用通行帯を通行できる。
答○ 原動機付自転車、小型特殊自動車、軽車両は通行できます。

ポイント
133

ポイント
137

8 最高速度と停止距離

法定速度の意味

ポイント
132
法定速度…標識や標示で指定されていないときの最高速度。

ポイント
133

自動車の法定速度	原動機付自転車の法定速度	リヤカーなどをけん引した原動機付自転車の法定速度
時速 **60** キロメートル	時速 **30** キロメートル	時速 **25** キロメートル

規制速度の意味

ポイント
134
規制速度…標識や標示で指定されているときの最高速度。

ポイント
135

黄

自動車は、時速 40 キロメートルを超えて運転してはいけない。
原動機付自転車は、時速 30 キロメートルを超えて運転してはいけない。

ポイント
136
車の停止距離

空走距離	+	制動距離	=	停止距離

運転者が危険を感じてブレーキをかけ、ブレーキが効き始めるまでに車が走る距離。

実際にブレーキが効き始めてから、車が停止するまでに走る距離。

空走距離と制動距離を合わせた距離。

ポイント
137
空走距離が長くなるとき…運転者が疲れているとき（危険を感じて判断するまでに時間がかかる）。
制動距離が長くなるとき…路面が雨で濡れているときや、重い荷物を積んでいるとき。

試験にはこう出る！

Q1 原動機付自転車の法定速度は、時速 30 キロメートルである。
答○　原動機付自転車の法定速度は時速 30 キロメートルです。

Q2 ブレーキが効き始めてから車が停止するまでの距離を、停止距離という。
答✕　設問の内容は、停止距離ではなく制動距離。空走距離＋制動距離が停止距離です。

最重要暗記ポイント ▶

ポイント
139

ポイント
140

9 原動機付自転車のブレーキのかけ方

ブレーキのかけ方は３種類

ポイント
138
前輪ブレーキ…右手でブレーキレバーを握る。
後輪ブレーキ…左手でブレーキレバーを握る（スクータータイプ）。右足でブレーキペダルを踏む（スポーツタイプ）。
エンジンブレーキ…右手でスロットルを戻す。低速ギアに入れる（スポーツタイプ）。

ポイント
139
エンジンブレーキの制動効果…低速ギアほど制動効果が高くなる。

ポイント 140 ブレーキ操作の注意点

垂直に

道路の直線部分で車体を垂直に保ち、ハンドルを切らない状態でブレーキをかける。

同時にブレーキ

ブレーキは、前後輪ブレーキを同時に操作する。

数回に分けて

減速するときは、ブレーキを数回に分けて使用し、スリップを防止する。制動灯が点滅するので、後続車の追突防止にもなる。

エンジンブレーキ

下り坂では、おもにエンジンブレーキを活用する。それでも速いときは、補助的に前後輪ブレーキを使用する。

試験にはこう出る！

Q1 二輪車は、先に後輪ブレーキをかけてから前輪ブレーキをかけるとよい。
答✕ ブレーキをかけるときは、前後輪ブレーキを同時に使用します。

Q2 ブレーキを数回に分けるのは、スリップ防止と追突防止の意味がある。
答○ スリップ防止のほか、後続車の追突を防止する役目もあります。

最重要暗記ポイント ▶

10 徐行の意味と徐行すべき場所

ポイント 141　　　**徐行の意味**

徐行とは…車がただちに停止できるような速度で進行すること。
徐行の目安…ブレーキ操作をして 1 メートル以内で止まれる速度で、おおむね時速 10 キロメートル以下の速度。

徐行場所は次の5つ

ポイント 142　「徐行」の標識のある場所。

ポイント 143　左右の見通しがきかない交差点。

例外　交通整理が行われている場合や、優先道路を通行している場合は、徐行する必要はない。

ポイント 144　道路の曲がり角付近。

ポイント 145　上り坂の頂上付近。

ポイント 146　こう配の急な下り坂。上り坂は徐行場所ではない。

試験にはこう出る！

Q1 走行中の速度を半分に落とせば、徐行したことになる。
答✕　徐行とは、車がただちに停止できるような速度で進むことをいいます。

Q2 こう配の急な上り坂は、徐行場所に指定されている。
答✕　上り坂の頂上付近とこう配の急な下り坂が、徐行場所です。

一般道路の通行方法

原動機付自転車のブレーキのかけ方／徐行の意味と徐行すべき場所

11 合図の時期と方法

ポイント 147
ポイント 148

合図を行う6つの場合の時期と方法

合図を行う場合		合図を行う時期	合図の方法
ポイント 147	左折するとき（環状交差点内を除く）	左折しようとする（または交差点から）30メートル手前の地点	伸ばす　曲げる 左側の方向指示器を出すか、右腕を車の外に出してひじを垂直に上に曲げるか、左腕を車の外に出して水平に伸ばす
	環状交差点を出るとき（入るときは合図を行わない）	出ようとする地点の直前の出口の側方を通過したとき（環状交差点に入った直後の出口を出る場合は、その環状交差点に入ったとき）	
	左に進路変更するとき	進路を変えようとする約3秒前	
ポイント 148	右折・転回するとき（環状交差点内を除く）	右折や転回しようとする（または交差点から）30メートル手前の地点	曲げる　伸ばす 右側の方向指示器を出すか、右腕を車の外に出して水平に伸ばすか、左腕を車の外に出してひじを垂直に上に曲げる
	右に進路変更するとき	進路を変えようとする約3秒前	
ポイント 149	徐行・停止するとき	徐行、停止しようとするとき	斜め下　斜め下 制動灯（ブレーキ灯）をつけるか、腕を車の外に出して斜め下に伸ばす
ポイント 150	四輪車が後退するとき	後退しようとするとき	斜め下 後退灯をつけるか、腕を車の外に出して斜め下に伸ばし、手のひらを後ろに向けて、腕を前後に動かす

ポイント 151　＊右左折などの合図は、その行為が終わるまで継続させ、終わったらすみやかに合図をやめる。不必要な合図もしない。

試験にはこう出る！

Q1 右折の合図は、右折しようとする地点から30メートル手前の地点で行う。
答○　右折しようとする地点から30メートル手前の地点で合図を行います。

Q2 徐行や停止するときは、徐行や停止しようとする約3秒前に合図を行う。
答✕　徐行や停止しようとするときに、制動灯などで合図します。

12 警音器の使用ルール

警音器を使用しなければならない2つの場合

「警笛鳴らせ」の標識

「警笛区間」の標識

ポイント 152 「警笛鳴らせ」の標識がある場所を通るとき。

ポイント 153 ●「警笛区間」の標識がある区間内で、次の場所を通るとき

見通しのきかない交差点。

見通しのきかない道路の曲がり角。

見通しのきかない上り坂の頂上。

ポイント 154 警音器の使用制限…警音器は、みだりに鳴らしてはいけない。ただし、危険を避けるためやむを得ない場合は鳴らすことができる。

試験にはこう出る！

 友だちとすれ違ったので、あいさつ代わりに警音器を鳴らした。
答✕ 警音器は、あいさつ代わりに使用してはいけません。

 警笛区間内でも、見通しのよい交差点では警音器を鳴らさなくてよい。
答〇 見通しがきかない交差点に限って警音器を鳴らします。

学科試験頻出重要ルール

最重要暗記ポイント

ポイント
155

ポイント
159

1 追い越しの意味と方法

ポイント 155 追い越しと追い抜きの違い

●追い越し

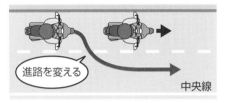

進路を変える

中央線

自車が進路を変えて、進行中の前車の前方に出ることをいう。

●追い抜き

進路を変えない

中央線

自車が進路を変えずに、進行中の前車の前方に出ることをいう。

追い越しの方法

ポイント 156 ●車を追い越すとき

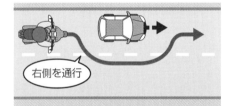

右側を通行

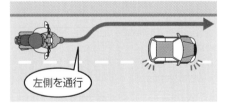

左側を通行

前車の右側を通行するのが原則。ただし、前車が右折のため道路の中央に寄って通行しているときは、その左側を通行する。

ポイント 157 ●路面電車を追い越すとき

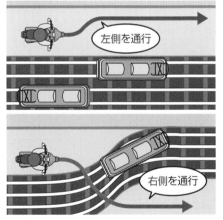

左側を通行

右側を通行

路面電車の左側を通行するのが原則。ただし、軌道が左端に設けられているときは、その右側を通行する。

試験にはこう出る！

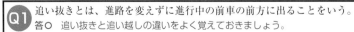

Q1 追い抜きとは、進路を変えずに進行中の前車の前方に出ることをいう。
答○ 追い抜きと追い越しの違いをよく覚えておきましょう。

Q2 前車が右折のため道路の中央に寄って通行しているときは、その左側を通行できる。
答○ 前車が中央寄りを通行しているときは、その左側を通って追い越します。

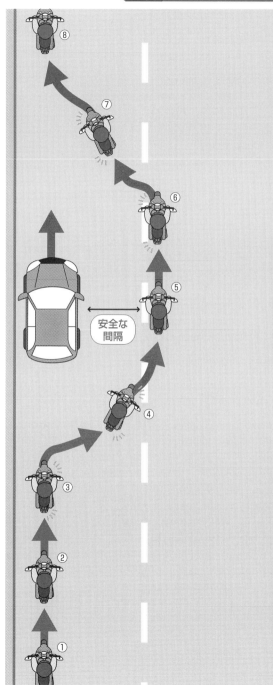

安全な
間隔

①追い越し禁止場所でないことを
　確認する。
②前方（とくに対向車）の安全を
　確かめるとともに、バックミ
　ラーなどで後方（とくに後続
　車）の安全を確かめる。
③右側の方向指示器を出す。
④約3秒後、もう一度安全を確か
　めてから、ゆるやかに進路変更
　する。
⑤最高速度の範囲内で加速し、追
　い越す車との間に安全な間隔
　を保つ。
⑥左側の方向指示器を出す。
⑦追い越した車がバックミラーに
　映るぐらいまで加速し、ゆるや
　かに進路変更する。
⑧合図をやめる。

ポイント 159

● 「追越し禁止」の標識

追越し禁止

追い越しはすべて禁止されている。

● 「追越しのための右側部分
　はみ出し通行禁止」の標識

道路の右側部分にはみ出す追い越
しが禁止されている。

2 追い越しが禁止されている場所

追い越しが禁止されている8つの場所

ポイント **160** 「追越し禁止」の標識がある場所。

ポイント **161** 道路の曲がり角付近。

ポイント **162** 上り坂の頂上付近。

黄

ポイント **163** こう配の急な下り坂。
上り坂では禁止されていない。

試験にはこう出る！

Q1 見通しがよければ、道路の曲がり角付近で追い越しをしてもよい。
答✕ 見通しがよくても、道路の曲がり角付近は追い越し禁止です。

Q2 片側2車線のトンネル内は、追い越し禁止場所である。
答✕ 車両通行帯がある場合は、追い越しが禁止されていません。

＊上記の「追い越し禁止場所」、50ページの「追い越し禁止の場合」、安全が確認できない
状況の場合以外の追い越しは、とくに禁止されていない。

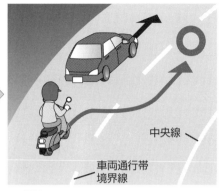

例外 車両通行帯がある場合は禁止されていない。

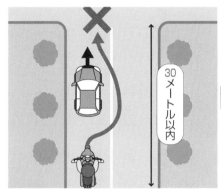

ポイント
165 交差点と、その手前から 30 メートル以内の場所。

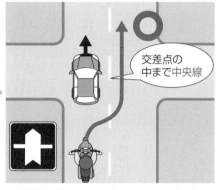

例外 優先道路を通行している場合は禁止されていない。

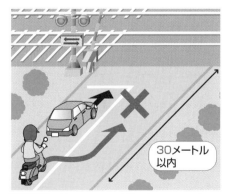

ポイント
166 踏切と、その手前から 30 メートル以内の場所。

ポイント
167 横断歩道や自転車横断帯と、その手前から 30 メートル以内の場所。

学科試験頻出重要ルール

最重要暗記ポイント ▷

ポイント
168

ポイント
169

3 追い越しが禁止されている場合

追い越しが禁止されている４つの場合

自動車

ポイント 168 前車が自動車を追い越そうとしているとき（二重追い越し）。

ポイント 169 前車が右折などのため右側に進路を変えようとしているとき。

ポイント 170 道路の右側部分に入って追い越しをしようとする場合に、対向車や追い越した車の進行を妨げるおそれがあるとき。

追い越し

ポイント 171 後ろの車が、自分の車を追い越そうとしているとき。

試験にはこう出る！

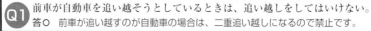

Q1 前車が自動車を追い越そうとしているときは、追い越しをしてはいけない。
答〇　前車が追い越すのが自動車の場合は、二重追い越しになるので禁止です。

Q2 対向車の有無が確認できないときは、追い越しをしてはいけない。
答〇　安全が確認できない場合は、追い越しをしてはいけません。

　＊上記の「追い越し禁止の場合」、48～49ページの「追い越し禁止場所」、安全が確認できない状況の場合以外の追い越しは、とくに禁止されていない。

4 進路変更・横断・転回の制限

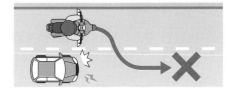 ポイント172　進路変更の禁止

後続車なし！

車は、みだりに進路変更してはいけない。

やむを得ず進路変更するときは、バックミラーなどを活用して十分安全を確かめてから行う。

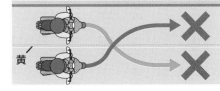 ポイント173　黄色の線が引かれている車両通行帯

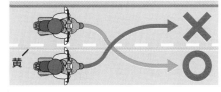

黄

車は、黄色の線を越えて進路を変更してはいけない。

黄

自分の通行帯に白の区画線があるときは進路変更できる（反対側からは進路変更できない）。

 ポイント174　横断・転回の禁止

施設

他の車の進行を妨げるおそれがあるとき。

施設

「転回禁止」や「車両横断禁止」の標識や標示がある場所。

試験にはこう出る！

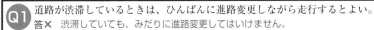

Q1 道路が渋滞しているときは、ひんぱんに進路変更しながら走行するとよい。
答✕　渋滞していても、みだりに進路変更してはいけません。

Q2 転回禁止場所でなくても、他の車の進行を妨げるときは転回してはいけない。
答○　他の車の進行を妨げるおそれがあるときは、転回禁止です。

学科試験頻出
重要ルール

追い越しが禁止されている場合／進路変更・横断・転回の制限

5 交差点の通行方法

ポイント 175 左折の方法

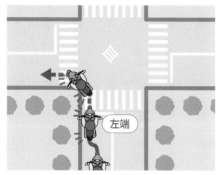

左端

あらかじめできるだけ道路の左端に寄り、交差点の側端に沿って徐行しながら通行する。

ポイント 176 右折(小回り)の方法

中央

あらかじめできるだけ道路の中央（一方通行路では右端）に寄り、交差点の中心のすぐ内側（一方通行路では内側）を通って徐行しながら通行する。

環状交差点の通行方法

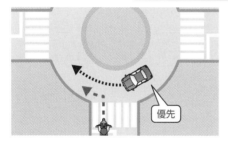

優先

ポイント 177 環状交差点に入ろうとするときは、徐行するとともに、環状交差点内を通行する車や路面電車の進行を妨げてはいけない。

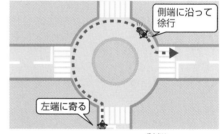

側端に沿って徐行

左端に寄る

ポイント 178 左折、右折、直進、転回しようとするときは、あらかじめできるだけ道路の左端に寄り、環状交差点の側端に沿って徐行しながら通行する（矢印などの標示で通行方法を指定されているときはそれに従う）。

試験にはこう出る！

交差点を左折するときは、あらかじめできるだけ道路の左端に寄る。
答〇 できるだけ道路の左端に寄り、徐行しながら左折します。

一方通行路から小回りの方法で右折するときは、あらかじめ道路の中央に寄る。
答✕ 一方通行路では、あらかじめできるだけ道路の右端に寄ります。

6 原動機付自転車の二段階右折

ポイント179 二段階右折の方法

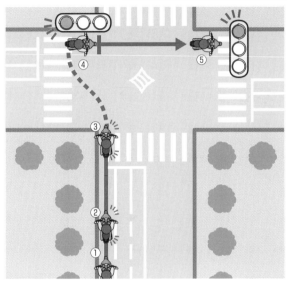

①あらかじめできるだけ道路の左端に寄る。
②交差点の30メートル手前で右折の合図をする。
③青信号で徐行しながら交差点の向こう側まで進む。
④この地点で止まって右に向きを変え、合図をやめる。
⑤前方の信号が青になってから進行する。

学科試験頻出 重要ルール　交差点の通行方法／原動機付自転車の二段階右折

ポイント180 ●二段階右折しなければならない交差点

①交通整理が行われていて、車両通行帯が3つ以上ある道路の交差点。
②「原動機付自転車の右折方法（二段階）」の標識がある道路の交差点。

「原動機付自転車の右折方法（二段階）」の標識

ポイント181 ●二段階右折してはいけない交差点

①交通整理が行われていない道路の交差点。
②交通整理が行われていて、車両通行帯が2つ以下の道路の交差点。
③「原動機付自転車の右折方法（小回り）」の標識がある道路の交差点。

「原動機付自転車の右折方法（小回り）」の標識

試験にはこう出る！

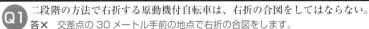

Q1 二段階の方法で右折する原動機付自転車は、右折の合図をしてはならない。
答× 交差点の30メートル手前の地点で右折の合図をします。

Q2 原動機付自転車が交差点を右折するときは、必ず二段階右折しなければならない。
答× 信号機がない道路などでは、自動車と同じ方法で右折します。

7 信号のない交差点の優先関係

ポイント 182 交差道路が優先道路のとき

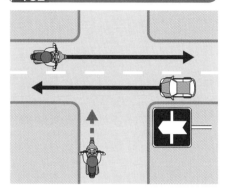

徐行するとともに、優先道路（交差する道路より優先する道路）を通行する車の進行を妨げてはいけない。

ポイント 183 交差道路の幅が広いとき

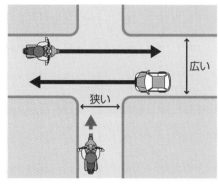

広い

狭い

徐行するとともに、道幅が広い道路を通行する車の進行を妨げてはいけない。

ポイント 184 幅が同じような道路の交差点のとき

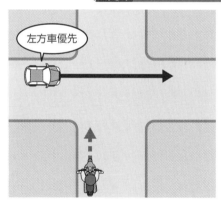

左方車優先

左方から来る車の進行を妨げてはいけない。

路面電車優先

右方左方に関係なく、路面電車の進行を妨げてはいけない。

試験にはこう出る！

Q1 交差する道路が優先道路のときは、必ず一時停止しなければならない。
答✕ 必ず一時停止する必要はなく、徐行して車の進行を妨げないようにします。

Q2 道幅が同じ交差点を通行する車は、左方から来る車の進行を妨げてはならない。
答〇 徐行して、左方から来る車の進行を妨げないようにします。

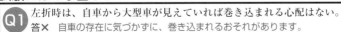

8 交差点を通行するときの注意点

ポイント185　左折するときの注意点

巻き込まれ

原動機付自転車は、左折する大型車の内輪差により、巻き込まれるおそれがあるので注意が必要。

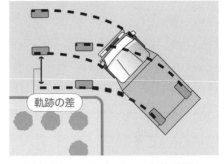

軌跡の差

「内輪差」は、曲がるとき、後輪が前輪よりも内側を通ることによる前後輪の軌跡の差をいう。

ポイント186　右折するときの注意点

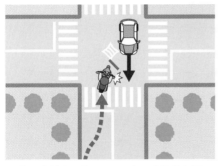

先に交差点に入っていても、直進や左折する車の進行を妨げてはいけない。

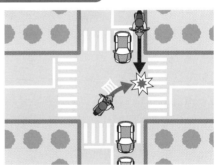

対向車が譲ってくれても、そのかげから二輪車が飛び出してくるおそれがあるので注意が必要。

ポイント187　「一時停止」の標識があるとき…停止線の直前（停止線がないときは交差点の直前）で一時停止し、交差する道路の車の進行を妨げないようにする。

試験にはこう出る！

Q1 左折時は、自車から大型車が見えていれば巻き込まれる心配はない。
答✕　自車の存在に気づかずに、巻き込まれるおそれがあります。

Q2 右折するときは、先に交差点に入っていれば左折車よりも先に右折できる。
答✕　右折車は、直進車や左折車の進行を妨げてはいけません。

学科試験頻出重要ルール

信号のない交差点の優先関係／交差点を通行するときの注意点

9 駐車と停車の意味

ポイント 188 「駐車」になる行為

車の継続的な停止。

客待ち、荷物待ちによる停止。

5分を超える荷物の積みおろしのための停止。

ポイント 189 「停車」になる行為

すぐに運転できる状態での短時間の停止。

人の乗り降りのための停止。

5分以内の荷物の積みおろしのための停止。

試験にはこう出る！

Q1 5分以内の荷物の積みおろしのための車の停止は、停車と見なされる。
答○　5分以内の荷物の積みおろしは、駐車ではなく停車になります。

Q2 原動機付自転車が故障したので、駐車禁止場所に車を止めた。
答×　故障は継続的な停止で駐車になり、駐車禁止場所に止めてはいけません。

10 駐車が禁止されている場所

駐車が禁止されている6つの場所

ポイント 190 「駐車禁止」の標識や標示がある場所。

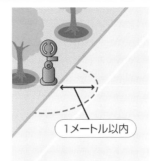

1メートル以内

ポイント 191 火災報知機から1メートル以内の場所。

3メートル以内

ポイント 192 駐車場、車庫などの自動車用の出入口から3メートル以内の場所。

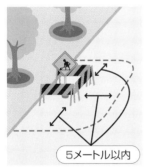

5メートル以内

ポイント 193 道路工事の区域の端から5メートル以内の場所。

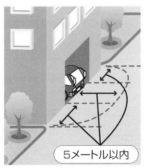

5メートル以内

ポイント 194 消防用機械器具の置場、消防用防火水槽、これらの道路に接する出入口から5メートル以内の場所。

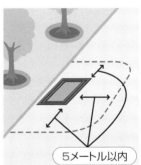

5メートル以内

ポイント 195 消火栓、指定消防水利の標識が設けられている位置や、消防用防火水槽の取入口から5メートル以内の場所。

＊上記の場所でも、「警察官の許可を受けたとき」は駐車することができる。

試験にはこう出る！

自宅の前であれば、車庫の出入口から3メートル以内に駐車してもよい。
答✕　自宅の車庫の前であっても、3メートル以内には駐車してはいけません。

火災報知機から3メートル以内の場所は、駐車禁止場所である。
答✕　駐車が禁止されているのは、火災報知機から1メートル以内の場所です。

11 駐停車が禁止されている場所

駐停車が禁止されている10の場所

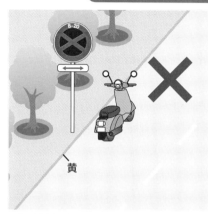

路面電車

ポイント 196 「駐停車禁止」の標識や標示がある場所。

ポイント 197 軌道敷内。

ポイント 198 坂の頂上付近や、こう配の急な坂（上りも下りも）。

ポイント 199 トンネル内（車両通行帯の有無に関係なく）。

試験にはこう出る！

Q1 こう配の急な坂は、上りも下りも駐停車が禁止されている。
答○ こう配の急な坂は、上りも下りも駐停車禁止です。

Q2 踏切の手前10メートル以内は駐停車禁止だが、向こう側であれば駐停車してもよい。
答× 踏切の向こう側も、10メートル以内の場所は駐停車禁止です。

＊上記の場所でも、「赤信号など法令に従う場合」「警察官の命令に従う場合」「危険防止のため」であれば、一時停止することができる。

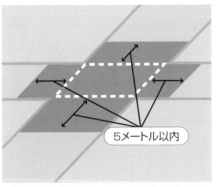

5メートル以内

ポイント **200** 交差点と、その端から5メートル
以内の場所。

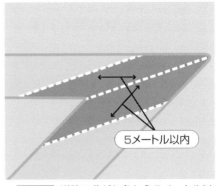

5メートル以内

ポイント **201** 道路の曲がり角から5メートル以
内の場所。

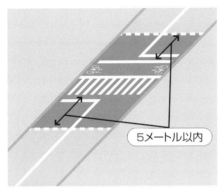

5メートル以内

ポイント **202** 横断歩道や自転車横断帯と、その
端から前後5メートル以内の場所。

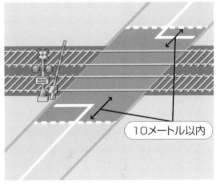

10メートル以内

ポイント **203** 踏切と、その端から前後10メー
トル以内の場所。

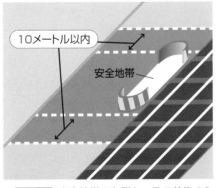

10メートル以内

安全地帯

ポイント **204** 安全地帯の左側と、その前後10
メートル以内の場所。

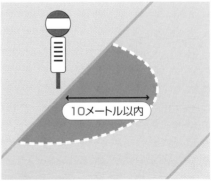

10メートル以内

ポイント **205** バス、路面電車の停留所の標示板
（柱）から10メートル以内の場
所（運行時間中に限る）。

学科試験頻出
重要ルール

駐停車が禁止されている場所

59

12 駐停車の方法

ポイント 206 歩道や路側帯のない道路では

道路の左端

道路の左端に沿って止める。

ポイント 207 歩道のある道路では

歩道

車道の左端

車道の左端に沿って止める。

ポイント 208 路側帯のある道路では

車道の左端

0.75メートル以下

0.75メートル以下の場合は、中に入らず、車道の左端に沿って止める。

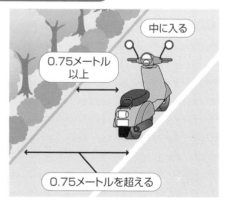

中に入る

0.75メートル以上

0.75メートルを超える

0.75メートルを超える場合は、中に入り、左側に 0.75 メートル以上の余地をあけて止める。

試験にはこう出る！

Q1 歩道のある道路では、車道の左端に沿って車を止める。
答○ 歩道に入らず、車道の左端に沿って車を止めます。

Q2 2本の実線で示された路側帯は、幅が広くても中に入って車を止めてはいけない。
答○ 歩行者用路側帯を表し、中に入っての駐停車は禁止です。

ポイント 209　2本線の路側帯がある道路では

車道の左端

車道の左端

破線と実線は「駐停車禁止路側帯」を表し、中に入らず、車道の左端に沿って止める。

実線2本は「歩行者用路側帯」を表し、中に入らず、車道の左端に沿って止める。

ポイント 210　決められた余地をあける

3.5メートル未満

6メートル未満

車の右側の道路上に3.5メートル以上の余地がない場所には、駐車してはいけない。

標識により余地が指定されている場所では、車の右側の道路上にその長さ以上の余地をあける。

ポイント 211　余地がなくても駐車できるとき

荷物の積みおろしを行う場合で、運転者がすぐに運転できるとき。

傷病者の救護のためやむを得ないとき。

ポイント 212　＊二重駐停車は禁止…道路に平行して駐停車している車と並んで駐停車してはいけない。
　　　　　　　＊駐停車の方法が指定されているとき…標識や標示で駐停車の方法が指定されているときは、その方法に従う。

1 踏切の通行方法

ポイント 213 安全確認と通過方法

①踏切の直前（停止線があるときはその直前）で一時停止する。

②自分の目と耳で左右の安全を確認する。

③踏切の向こう側に自分の車が入れる余地があるかどうかを確認する。

低速ギア

④エンストを防止するため、変速しないで、発進したときの低速ギアのまま一気に通過する。

試験にはこう出る！

 前車に続いて踏切を通過するときは、必ずしも一時停止しなくてよい。
答✕　踏切では、一時停止して安全確認しなければなりません。

 踏切を通過するときは、低速ギアのまま一気に通過する。
答〇　エンストを防止するため、低速ギアのまま一気に通過します。

踏切を通過するときの注意点

ポイント
214 遮断機が下り始めているときや警報機が鳴っているときは、踏切に入ってはいけない。

ポイント
215 踏切に信号機がある場合は、その信号に従う。青信号のときは、一時停止する必要はなく、安全を確かめて通過できる。

やや中央寄り

ポイント
216 踏切を通過するときは、落輪しないようにやや中央寄りを通過する。

歩行者、対向車に注意

ポイント
217 踏切内は、歩行者や対向車に注意して通過する。

ポイント
218 踏切内で車が動かなくなったとき

踏切支障報知装置などで列車の運転士に知らせる。

原動機付自転車は、押して踏切の外に移動させる。

危険な場所・場合での運転　踏切の通行方法

2 坂道・カーブの運転方法と行き違い

ポイント
219　カーブを通行するとき

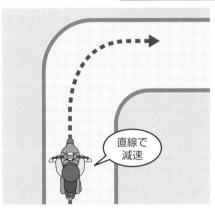

カーブの手前の直線部分で、あらかじめ
十分速度を落とす。

カーブを曲がるときは、ハンドルを切る
のではなく、車体を傾けることによって
自然に曲がる要領で行う。

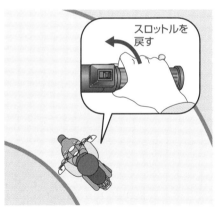

カーブの途中では、クラッチを切らずに
スロットルで速度を調節する。

カーブの後半では、前方の安全を確かめ
てから徐々に加速する。

試験にはこう出る！

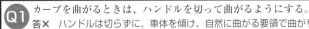

Q1 カーブを曲がるときは、ハンドルを切って曲がるようにする。
答✕　ハンドルは切らずに、車体を傾け、自然に曲がる要領で曲がります。

Q2 進路の前方に障害物があるときは、一時停止などをして対向車に道を譲る。
答〇　一時停止か減速などをして、対向車に進路を譲ります。

ポイント 220 坂道を通行するとき

車間距離を広く

前車に続いて停止するときは、前車が<u>後退</u>するおそれがあるので、<u>車間距離</u>を十分あける。

エンジンブレーキ

長い下り坂では、おもに<u>エンジンブレーキ</u>を使い、前後輪ブレーキは<u>補助的</u>に使う。

ポイント 221 対向車と行き違うとき

自車の前方に障害物があるときは、あらかじめ<u>一時停止</u>か<u>減速</u>をして対向車に道を譲る。

路肩に
寄りすぎない

片側に危険な<u>がけ</u>があるときは、<u>がけ側</u>の車が安全な場所で一時停止して対向車に道を譲る。

ポイント 222 狭い坂道で行き違うとき

<u>下り</u>の車が、発進の難しい<u>上り</u>の車に道を譲る（一時停止など）。

待避所

近くに待避所があるときは、<u>待避所がある</u>側の車がそこに入って道を譲る。

最重要暗記ポイント

3 夜間の運転方法

ポイント 223 ライトをつけなければならない場合

夜間（日没から日の出まで）、運転するとき。

昼間でも、トンネルの中や霧などで50メートル先が見えない場所を通行するとき。

ポイント 224 ライトを切り替える場合

減光、下向き

ライトは上向きが基本だが、対向車と行き違うときや、他の車の直後を走行するときは、前照灯を減光するか下向きに切り替える。

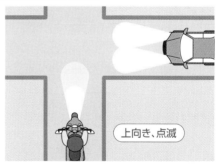

上向き、点滅

見通しの悪い交差点やカーブを通過するときは、前照灯を上向きにするか点滅させて、自車の接近を知らせる。

ポイント 225 ＊対向車のライトがまぶしいとき…視点をやや左前方に移して、目がくらまないようにする。

＊点灯するライト…前照灯、尾灯、制動灯（ブレーキ灯）など。

試験にはこう出る！

Q1 対向車のライトがまぶしいときは、ライトを見つめて目を慣らすとよい。
答✕ 視点をやや左前方に移して、目がくらまないようにします。

Q2 対向車と行き違うときは、自車の存在を知らせるため、ライトを上向きにする。
答✕ 相手がまぶしくなって危険なので、ライトは下向きに切り替えます。

4 悪天候時の運転方法

速度を落とす

車間距離をあける

急ブレーキ

路面が雨に濡れて滑りやすくなるので、晴れの日よりも速度を落とし、車間距離を長くとって走行する。

急ハンドルや急ブレーキを避け、ブレーキは数回に分けて使用する。

ポイント 227 霧の中を運転するとき

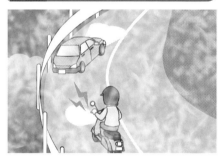

前照灯を下向きにつけて、中央線や前車の尾灯を目安に走行する。必要に応じて警音器を使用する。

ポイント 228 雪道を走行するとき

滑りやすく危険なので、なるべく運転しない。やむを得ず運転するときは、車のタイヤの跡（わだち）を走行する。

ポイント 229 ●悪路を走行するとき

＊低速ギアを使用し、スロットルで速度を一定に保ちながら通行する。
＊地盤がゆるんで崩れることがあるので、路肩に寄りすぎないように走行する。

試験にはこう出る！

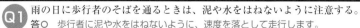

Q1 雨の日に歩行者のそばを通るときは、泥や水をはねないように注意する。
答○　歩行者に泥や水をはねないように、速度を落として走行します。

Q2 霧の中を走るときは、前照灯を上向きにして走行するとよい。
答✕　前照灯を上向きにすると、かえって乱反射して見えにくくなります。

5 緊急事態のときの運転

ポイント 230 エンジンの回転数が下がらない

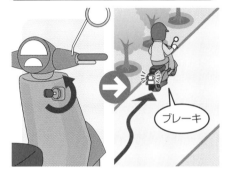

ブレーキ

点火スイッチを切り、エンジンの回転を止める。ブレーキをかけて速度を落とし、道路の左側に車を止める。

ポイント 231 下り坂でブレーキが効かない

減速チェンジをして、エンジンブレーキを効かせて速度を落とす。減速しない場合は、道路わきの土砂などに突っ込んで車を止める。

ポイント 232 対向車と正面衝突しそう

警音器を鳴らしてブレーキをかけ、できるだけ左側に避ける。道路外が安全な場所であれば、道路外に出て衝突を避ける。

ポイント 233 走行中にパンクした

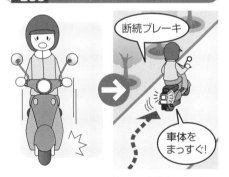

断続ブレーキ

車体をまっすぐ!

ハンドルをしっかり握り、車体をまっすぐに保つ。スロットルを戻して速度を落とし、断続ブレーキをかけて道路の左側に止める。

試験にはこう出る!

Q1 走行中にブレーキが効かなくなったときは、車を転倒させて止めるしか方法はない。
答✕ 減速チェンジをしてエンジンブレーキを使い、速度を落とします。

Q2 正面衝突の危険が生じたときでも、警音器を鳴らしてはならない。
答✕ 警音器を鳴らし、できるだけ左側に避けて危険を回避します。

6 交通事故のときの処置

ポイント 234 交通事故を起こしたとき

①続発事故の防止

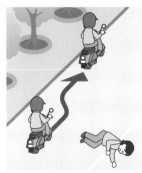

他の交通の妨げにならないような場所に車を移動し、エンジンを止める。

②負傷者の救護

負傷者がいる場合は、ただちに<u>救急車</u>を呼ぶ。救急車が到着するまでの間、可能な応急救護処置を行う。

③警察官への事故報告

事故が発生した場所や状況などを<u>警察官</u>に報告する。

ポイント 235 頭部に強い衝撃があったとき

外傷がなくても、<u>後遺症</u>が出るおそれがあるので、<u>医師の診断</u>を受ける。

ポイント 236 事故現場での注意点

ガソリンが流れ出ていることがあるので、たばこなどは吸わない。

試験にはこう出る！

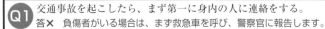

Q1 交通事故を起こしたら、まず第一に身内の人に連絡をする。
答✕　負傷者がいる場合は、まず救急車を呼び、警察官に報告します。

Q2 交通事故を起こして負傷者がいる場合でも、応急手当を行ってはならない。
答✕　ハンカチで止血するなど、可能な限りの応急救護処置を行います。

7 大地震のときの運転

大地震が発生したとき

ポイント 237
①急ブレーキを避け、できるだけ安全な方法で道路の左側に車を止める。

ポイント 238
②ラジオなどで地震情報や交通情報を聞き、その情報に応じて行動する。

ポイント 239
③車を置いて避難するときは、できるだけ道路外の安全な場所に車を移動する。

ポイント 240
④やむを得ず道路上に車を置いて避難するときは、エンジンを止め、エンジンキーは付けたままにするか運転席などに置いておく。

ポイント 241
＊警察官が交通規制を行っているとき…警察官の指示に従って行動する。
＊避難するときの心得…混乱するので、津波から避難するためやむを得ない場合を除き、避難のために車を使用してはいけない。

試験にはこう出る！

 運転中に大地震が起きたら、まず安全な方法で停止することを考える。
答○　急ブレーキを避け、できるだけ安全な方法で車を止めます。

 大地震が発生した場合は、車を使用してなるべく早く避難する。
答✕　大地震のときは、避難のために車を使用してはいけません。

8 危険を予測した運転

危険には「目で見えるもの」と「見えないもの」がある

●顕在危険

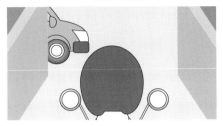

このまま進行すると衝突するような、運転者に明らかに見える危険。

●潜在危険

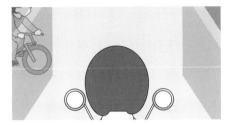

これから起こりうる危険なので、運転者の目線からは見えない危険。

●運転は「認知→判断→操作」の繰り返し

①認知…危険を早く発見する。つねに周囲の状況をよく見ながら運転する。
②判断…頭の中で、どう行動に移すか考える。たとえば、速度を落とすべきか、ハンドルで避けるべきかなどを判断する。
③操作…手足を動かし、実際に行動する。前後輪ブレーキをかけたり、ハンドルを切ったりして衝突などを回避する。

交差点を左折しようとしています。どんな危険があるか予測してみよう。〈答えは次ページ〉

71

こんな危険が潜んでいる

●前の車に追突するかもしれない

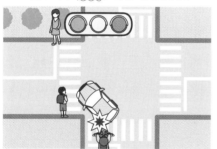

●歩行者が横断するかもしれない

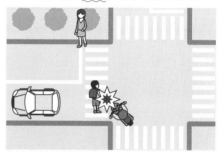

●対向車が先に右折するかもしれない

●後続車に追突されるかもしれない

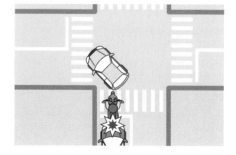

本試験
模擬テスト

間違えたら
ルールに戻って
再チェック！

模擬テスト 第1回

それぞれの問題について、正しいものには「○」、誤っているものには「×」で答えなさい。配点は、問1〜46が各1点、問47・48が各2点（3問とも正解の場合）。

制限時間 30分　合格点 45点以上

問1
□□
歩行者のそばを通る車は、歩行者との間に安全な間隔（かんかく）をあけるか、徐行（じょこう）しなければならない。

問2
□□
標識や標示によって一時停止が指定されている交差点であっても、他の車などがなく、とくに危険がない場合は、一時停止する必要はない。

問3
□□
環状交差点とは、車両が通行する部分が環状（円形）の交差点であって、道路標識などにより車両が右回りに通行することが指定されているものをいう。

問4
□□
歩道や路側帯（ろそくたい）のない道路に駐車するときは、車の左側に0.75メートル以上の余地（よち）をあけなければならない。

問5
□□
原付免許を受けて1年未満の人は、原動機付自転車に図1のマークを付けて運転しなければならない。

図1
黄　緑

問6
□□
二輪車で走行中、エンジンの回転数が上がり、下がらなくなったときは、半クラッチのまま運転を継続するとよい。

問7
□□
車いすで通行している人や盲導犬（もうどうけん）を連れて歩いている人がいるときは、徐行か一時停止をして、その通行を妨げ（さまた）ないようにしなければならない。

問8
□□
交差点付近を通行中、緊急（きんきゅう）自動車が近づいてきたので、交差点を避け（さ）、道路の左側に寄って徐行した。

問9
□□
転回が禁止されている場所であっても、交通事故などで混雑（こんざつ）している場合は、転回してもかまわない。

問10
□□
交通事故が起こっても、自分に責任がなく、相手の過失（かしつ）による場合は、警察に届け出る義務はない。

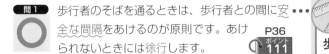

正解	ポイント解説

を当てながら解いていこう。間違えたら **ポイント** を再チェック！

問1 ○ 歩行者のそばを通るときは、歩行者との間に安全な間隔をあけるのが原則です。あけられないときには徐行します。　P36 ポイント111

問2 × たとえ危険がない場合でも、標識や標示で指定されている一時停止場所では、必ず一時停止しなければなりません。　P25 ポイント056

問3 ○ 環状（円形）の交差点で、右回り通行が指定されているものをいいます。　ここで覚える

問4 × 歩道や路側帯のない道路では、左側に余地を残さず、道路の左端に沿って駐車します。　P60 ポイント206

問5 × 「初心者マーク」は、準中型免許または普通免許を受けて1年未満の人が付けるものです。　P38 ポイント120

問6 × 半クラッチのまま運転を続けるのではなく、ただちに点火スイッチを切り、エンジンの回転を止めます。　P68 ポイント230

問7 ○ 設問のような人が通行しているときは、徐行か一時停止をして、安全に通行できるようにしなければなりません。　P38 ポイント117

問8 × 緊急自動車に進路を譲るときは、交差点を避け、道路の左側に寄り、一時停止しなければなりません。　P39 ポイント125

問9 × たとえ交通事故などで道路が混雑していても、転回禁止場所で転回してはいけません。　P51 ポイント174

問10 × 交通事故が起こった場合は、過失の有無にかかわらず、警察官に届け出なければなりません。　P69 ポイント234

ココもチェック

違いをチェック！

歩行者のそばを通るときの原則と例外

【原則】安全な間隔をあける。
【例外】安全な間隔をあけられないときは徐行する。
＊安全な間隔の目安は、正面から近づくときは1メートル以上、背面から近づくときは1.5メートル以上の間隔。

手順を覚える！

エンジンの回転数が下がらなくなったとき

①点火スイッチを切ってエンジンの回転を止める。
②ブレーキをかけて速度を落とす。
③道路の左端に車を止める。
＊点火スイッチを切ると、エンジンブレーキは使えない。前後輪ブレーキを同時にかけて減速する。

問11 道路工事の区域の端から5メートル以内の場所は、駐車が禁止されている。

□ □

問12 一方通行となっている道路では、道路の右側部分にはみ出して通行することができる。

□ □

問13 前方の原動機付自転車が図2のような手による合図をしたときは、前方の原動機付自転車が左折か左へ進路変更すると考えてよい。

図2

□ □

問14 雨が降り続いたり、集中的に降ったりしたあとの山道などでは、地盤が緩んで崩れることがあるので、路肩に寄りすぎないように気をつける。

□ □

問15 交通事故を起こし、負傷者がある場合でも、医師以外の者は止血などをしないほうがよい。

□ □

問16 二輪車を選ぶときは、またがったときに両足のつま先が地面に届かなければ、体格に合った車種とはいえない。

□ □

問17 図3の標識は、原動機付自転車が交差点で自動車と同じ方法で右折しなければならないことを表している。

図3

□ □

問18 大気汚染による光化学スモッグが発生しているときや、発生が予想されるときは、自動車や原動機付自転車の運転を控えるべきである。

□ □

問19 ブレーキペダルを数回に分けて踏むと制動灯が点滅するので、後続車への合図にもなり、追突事故防止などに役立つ。

□ □

問20 図4の標識は、前方の道路に合流地点があることを表している。

図4

□ □

問21 前車が道路に面した場所に出入りするため、道路の左側に寄ろうと合図をしているときは、その進路変更を妨げてはならない。

□ □

問11 ⭕ 道路工事の区域の端から5メートル以内は、駐車禁止場所に指定されています。
P57 ポイント193

問12 ⭕ 一方通行の道路は、反対方向から車が来ないので、右側部分にはみ出して通行することができます。
P33 ポイント103

問13 ⭕ 左腕を水平に伸ばす手による合図は、左折か左へ進路変更することを意味します。
P44 ポイント147

問14 ⭕ 雨が降り続いたりすると地盤が軟弱（なんじゃく）になるので、危険防止のため、路肩に寄りすぎないように走行します。
P67 ポイント229

問15 ❌ 医師以外の者も、救急車が到着するまで、止血などの可能な応急救護（きゅうご）処置を行います。
P69 ポイント234

問16 ⭕ 二輪車にまたがったとき、両足のつま先が地面に届くものが、体格に合った車種といえます。
ここで覚える

問17 ⭕ 図3は、原動機付自転車の二段階右折禁止の標識で、あらかじめ道路の中央に寄って右折しなければなりません。
P53 ポイント181

問18 ⭕ 大気汚染の原因になるので、自動車や原動機付自転車の運転は控えるようにしましょう。
P19 ポイント023

問19 ⭕ ブレーキペダルを踏むと制動灯がつきますので、数回に分けて踏むと後続車へのよい合図になります。
P42 ポイント140

問20 ❌ 図4の標識は「安全地帯」を表しています。前方の道路に合流地点があることを表す標識はありません。
P26 ポイント058

問21 ⭕ 合図をしている車の進路変更を妨げてはいけません。
ここで覚える

ココもチェック

違いをチェック！

左側通行の原則と例外

【原則】 道路の中央から左の部分を通行する。
【例外】 次の場合は、右側部分を通行できる
● 道路が一方通行になっているとき。
● 工事などで十分な道幅がないとき。
● 左側部分の幅が6メートル未満の見通しのよい道路で追い越しをするとき。
● 「右側通行」の標示があるとき。

違いをチェック！

原動機付自転車の右折方法の2種類の標識

二段階

二段階右折が必要。

小回り

二段階右折禁止。自動車と同じ小回りの方法で右折する。

問22 左側の幅が6メートル未満の見通しのよい道路では、追い越しのために右側部分にはみ出すことが禁止されている場合を除き、はみ出し方を最小限にして追い越すことができる。

□ □

問23 原動機付自転車の前照灯は光が弱いので、対向車と行き違うときでも上向きにしたほうがよい。

□ □

問24 二輪車で走行中、タイヤがパンクしたときは、すぐ急ブレーキをかけるとよい。

□ □

問25 二輪車でカーブを走行するときは、ハンドルを切りながらクラッチを切り、惰力で曲がるとよい。

□ □

問26 図5の標示は、その場所が「転回禁止の終わり」であることを表している。

□ □

図5

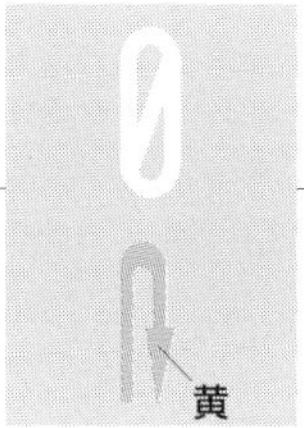

黄

問27 駐車車両の多い場所では、車の間から歩行者が出てくることを予測し、ときどき警音器を鳴らしながら通過するとよい。

□ □

問28 自動車損害賠償責任保険や責任共済への加入は、自動車は強制だが、原動機付自転車は任意である。

□ □

問29 車両通行帯のある道路では、つねにあいている車両通行帯に移りながら通行することが、交通の円滑と危険防止になる。

□ □

問30 駐車場や車庫などの出入口から3メートル以内の場所に駐車してはならないが、自宅の車庫の出入口であればその直前に駐車することができる。

□ □

問31 前車を追い越すときは、前車が右折するために道路の中央（一方通行の道路では右端）に寄って通行している場合を除き、その右側を通行しなければならない。

□ □

問32 げたやサンダルを履いて、二輪車を運転してはいけない。

□ □

問22 ○ 左側の幅が6メートル未満の見通しのよい道路では、原則として、道路の右側部分にはみ出して追い越すことができます。 P33 ポイント 103

問23 × 対向車と行き違うときは、対向車の運転者の迷惑にならないように、ライトを下向きに切り替えて走行します。 P66 ポイント 224

問24 × 急ブレーキをかけるのは危険です。ハンドルをしっかり握り、断続ブレーキで徐々に速度を落とします。 P68 ポイント 233

問25 × クラッチを切るとエンジンブレーキが効かなくなるので、クラッチを切らずに動力を伝えたまま曲がります。 P64 ポイント 219

問26 ○ 図5は「転回禁止の終わり」の標示です。白い標示が「終わり」を表しています。 ここで覚える

問27 × 歩行者の飛び出しには注意が必要ですが、警音器はむやみに鳴らさず、速度を落として慎重に運転します。 P45 ポイント 154

問28 × 自動車損害賠償責任保険や責任共済は強制保険なので、原動機付自転車も必ずどちらかに加入しなければなりません。 P17 ポイント 013

問29 × みだりに進路変更すると、事故の原因になるおそれがあるので、できるだけ同一の車両通行帯を通行します。 P51 ポイント 172

問30 × 駐車禁止場所なので、たとえ自宅の車庫の出入口の直前でも駐車してはいけません。 P57 ポイント 192

問31 ○ 前車を追い越すときは、前車の右側を通行するのが原則です。 P46 ポイント 156

問32 ○ げたやサンダルは運転操作の妨げになるので、そのような履き物で運転しないようにします。 P31 ポイント 099

ココもチェック

まとめて覚える！

ライトを下向きに切り替える場合

- 対向車と行き違うとき。
- ほかの車の直後を通行するとき。
- 交通量の多い市街地を通行するとき。

違いをチェック！

車の保険とその種類

強制保険

必ず加入しなければならない保険で、次の2種類がある。
- 自動車損害賠償責任保険（自賠責保険）
- 自動車損害賠償責任共済（責任共済）

任意保険

任意で加入する保険で、次のようなものがある。
- 対人賠償保険
- 対物賠償保険
- 車両保険、その他あり

問33 ☐☐ 原動機付自転車は、積載装置から後方に30センチメートルの長さまで、荷物を積むことができる。

問34 ☐☐ 遠心力や制動距離は速度に比例するので、速度が2倍になれば、遠心力や制動距離は2倍になる。

問35 ☐☐ 二輪車で砂利道を走行するときは、エンジンブレーキで速度を落とし、大きなハンドル操作はしないようにする。

問36 ☐☐ 図6の標示のある交差点を、信号機に従って右折する原動機付自転車は、最も右側の通行区分を通って右折することはできない。

図6

問37 ☐☐ 夜間運転する車は、歩行者との間に安全な間隔をあけるか徐行するとともに、昼間より慎重に運転しなければならない。

問38 ☐☐ 横断歩道、自転車横断帯とその端から30メートル以内の場所は、追い越しは禁止されているが、追い抜きは禁止されていない。

問39 ☐☐ 携帯電話を手に持って運転することは、片手運転になるだけでなく、周囲の交通に対する注意が不十分になり、たいへん危険なので禁止されている。

問40 ☐☐ 図7の標識は、この先の道路が工事中で車は通行できないことを表している。

図7
黄

問41 ☐☐ 交通整理中の警察官や交通巡視員の手信号が、信号機の信号と異なるときは、信号機の信号に従わなければならない。

問42 ☐☐ 車の運転者は、速度が速くなるほど遠くを見るようになるため、近くから飛び出す歩行者や自転車を見落としやすくなり、とても危険である。

問43 ☐☐ マフラーが少しでも破損していると騒音が出るので、付け替えるか修理してから運転する。

問33
原動機付自転車は、積載装置から後方に 30 センチメートル（0.3 メートル）を超えて、荷物を積んではいけません。
P28 ポイント 077

問34
遠心力や制動距離は速度の二乗に比例するので、速度が2倍になれば、遠心力や制動距離は4倍になります。
P19 ポイント 020・022

問35
砂利道の走行は不安定になるので、速度を落とし、スロットルで速度を一定に保ち、バランスをとって通行します。
P67 ポイント 229

問36
信号機のある片側3車線以上の道路の交差点で右折する原動機付自転車は、二段階右折しなければなりません。
P53 ポイント 180

問37 ◯
夜間は視界が悪く、歩行者や自転車などの発見も遅れがちになるので、昼間より慎重に運転します。
ここで覚える

問38 ✕
設問の場所では、追い越しだけでなく、追い抜きも禁止されています。
P37 ポイント 116

問39 ◯
携帯電話を手に持って通話したり、画面を見ながら運転したりすることは、危険なので禁止されています。
P18 ポイント 018

問40 ✕
図7の標識は「道路工事中」を表しますが、通行禁止を意味するものではありません。
P26 ポイント 060

問41 ✕
信号機の信号と警察官や交通巡視員の手信号が異なるときは、警察官などの手信号に従わなければなりません。
P22 ポイント 036

問42
運転者の視覚は、速度が速くなるほど、近くのものは流れて見えづらくなります。
P18 ポイント 019

問43
マフラーが破損していると騒音が出て周囲の迷惑になるので、付け替えるか修理してから運転します。
P29 ポイント 087

ココもチェック

📖 **まとめて覚える！**

車に働く力の法則

次の項目は、速度の二乗に比例する。つまり、速度が2倍になれば4倍に、速度を2分の1にすれば4分の1になる。
- ●遠心力
- ●制動距離
- ●衝撃力

📖 **まとめて覚える！**

運転中の携帯電話の使用が危険な理由

①片手に持って通話すると、ハンドルやブレーキ操作ができなくなる。
②メールなどで画面を見ると、周囲の状況確認ができなくなる。
③着信音が鳴ると、運転に集中できなくなる。

問44 二輪車はバランスをとって走ることが大切なので、足先を外側に向け、両ひざはできるだけ開いて運転するとよい。

問45 図8の警察官の手信号で、警察官の身体の正面に対面する方向の交通は、黄色の灯火信号と同じ意味である。

図8

問46 霧の中は、中央線や前車の尾灯を目安にして、速度を落として運転するのがよい。

問47 前方の工事現場の側方を対向車が直進してきます。この場合、どのようなことに注意して運転しますか？

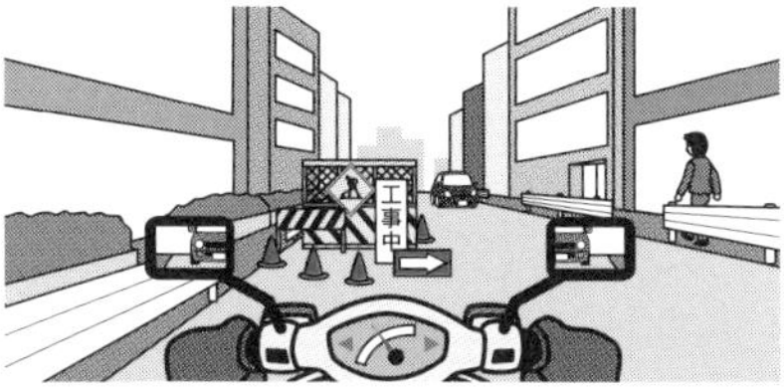

(1)対向車が来ているので、工事現場の手前で一時停止し、対向車が通過してから発進する。

(2)工事現場から急に人が飛び出してくるかもしれないので、注意しながら走行する。

(3)急に止まると、後ろの車に追突されるかもしれないので、ブレーキを数回に分けてかけ、停止の合図をする。

問48 夜間、右折待ちのため停止しています。この場合、どのようなことに注意して運転しますか？

(1)トラックのかげから直進してくる対向車があるかもしれないので、トラックが右折したあとに続いて右折せず、安全を確認してから右折する。

(2)夜間は車のライトが目立つため、歩行者は自車の存在に気づいて立ち止まるので、両側の歩行者の間を右折する。

(3)トラックが右折するときに、トラックの右側を同時に右折すると安全である。

問44 二輪車は、足先を前方に向け、両ひざでタンクを軽く挟む（ニーグリップ）ようにして運転します。

P30
ポイント 093・094

 問45 警察官の身体の正面に対面する方向の交通は、赤色の灯火信号と同じ意味です。

P22
ポイント 033

 問46 霧の中は視界が非常に悪くなるので、中央線や・・・前車の尾灯を目安にして速度を落として運転します。

P67
ポイント 227

問47

対向車とバックミラーに映る後続車に注目！
対向車がいる場合は、無理に通過すると衝突するおそれがあります。また、減速するときは、後続車への配慮も必要です。

(1) ⭕ 手前で一時停止して、対向車を先に行かせます。

･････････････

(2) ⭕ 人の飛び出しに十分注意して走行します。

･････････････

(3) ⭕ 後続車への追突防止策として、ブレーキを数回に分けてかけ、停止します。

問48

トラックのかげと歩行者に注目！
トラックのかげに対向車が隠れているかもしれません。また、周囲が暗いので歩行者の動向にも注意しましょう。

(1) ⭕ トラックのかげから直進車が出てくるおそれがあります。

･････････････

 (2) ❌ 歩行者は自車の存在に気づかないおそれがあります。

･････････････

 (3) ❌ トラックの右側を右折すると歩行者に接触するおそれがあります。

模擬テスト
第2回

それぞれの問題について、正しいものには「○」、誤っているものには「×」で答えなさい。配点は、問1～46が各1点、問47・48が各2点（3問とも正解の場合）。

制限時間

30分

合格点
45点以上

問1
□ □
前車が原動機付自転車を追い越そうとしているときは、追い越しを始めてはならない。

問2
□ □
横断歩道の直前で停止している車があったので、徐行しながらその横を通過した。

問3
□ □
リヤカーをけん引している原動機付自転車は、軽車両と見なされる。

問4
□ □
中央線のない砂利道では、対向車のある場合を除き、道路の中央部分を走行しなければならない。

問5
□ □
図1の標識のある道路は、歩行者、車、路面電車のすべてが通行できない。

図1

問6
□ □
原動機付自転車には、荷台の左右にそれぞれ0.3メートルまではみ出して、荷物を積むことができる。

問7
□ □
夜間、街路灯などの照明で明るい市街地を通行するときは、前照灯を点灯しなくてもよい。

問8
□ □
他の車をけん引しているときの原動機付自転車の法定最高速度は、時速25キロメートルである。

問9
□ □
左側部分に3以上の通行帯のある道路で、原動機付自転車が信号に従って交差点を右折するときは、あらかじめできるだけ道路の中央に寄り、交差点の中心のすぐ内側を徐行する。

問10
□ □
カーブや曲がり角では、直線部分でやや加速して、カーブに入ってからは惰力で走行するのが安全である。

を当てながら解いていこう。間違えたら ポイント を再チェック！

ココも チェック

問1 前車が原動機付自転車を追い越そうとしている ••• ときは、二重追い越しにはならないの で、追い越しができます。 P50 ポイント 168

📏 **違いをチェック！**

問2 横断歩道の直前で停止している車がある場合 は、前方に出る前に、一時停止しなけ ればなりません。 P37 ポイント 115

「二重追い越し」になる場合とならない場合

●二重追い越し
前車が自動車を追い越そうとしているときに追い越す行為。
→禁止

問3 原動機付自転車は、リヤカーをけん引していて も、軽車両とは見なされません。 ここで覚える

●二重追い越しではない
前車が原動機付自転車を追い越そうとしているときに追い越す行為。
→禁止ではない

問4 たとえ砂利道でも、対向車の有無にかかわらず、 道路の左側部分を通行するのが原則で す。 P32 ポイント 101

問5 ⭕ 図1の標識は「通行止め」を表し、歩行者を含 め、車、路面電車のすべてが通行でき ません。 P34 ポイント 105

📖 **まとめて覚える！**

問6 原動機付自転車の荷台の左右には、各 0.15 ••• メートルまでしか荷物をはみ出すこと ができません。 P28 ポイント 077

荷物を積むときの制限

●幅…荷物の幅＋左右に 0.15メートル（15セン チメートル）以下。

問7 明るい市街地でも、夜間は前照灯や尾灯などを つけなければなりません。 P66 ポイント 223

●長さ…荷台の長さ＋後方に 0.3メートル（30センチ メートル）以下。
●高さ…地上から2メートル 以下。
●重さ…30キログラム以下。

問8 ⭕ リヤカーなど他の車をけん引しているときの原 動機付自転車の法定最高速度は、時速 25キロメートルです。 P41 ポイント 133

問9 設問のような道路の交差点では、二段階右折禁 止の標識がある場合を除き、二段階の 方法で右折します。 P53 ポイント 180

問10 カーブや曲がり角の手前の直線部分で十分速度 を落とし、カーブに入ってからはブレー キを使わないように走行します。 P64 ポイント 219

問11 踏切の遮断機が下り始めているときは、その踏切の中に入ってはならない。

問12 横断歩道や自転車横断帯とその手前30メートル以内の場所は、追い越しだけでなく、追い抜きも禁止されている。

問13 停留所で止まっている路線バスに追いついたときは、車は一時停止し、バスが発進するまで待たなければならない。

問14 図2の標識のある場所では、右折を伴う車両の横断が禁止されているが、左折を伴う車両の横断は禁止されていない。

図2

問15 他の交通の妨害になるようなときは、たとえ転回禁止場所でなくても、転回してはならない。

問16 二輪車のチェーンの張り具合を指で押してみたところ、かなりの緩みがあったので、異常と判断して運転を中止した。

問17 白色のつえを持っている歩行者がいるときは、一時停止するなどしてその人の通行を妨げないようにしなければならないが、黄色のつえを持っている人に対してはその必要はない。

問18 交通法規を守って走行しているときは、自分の権利を主張すべきであって、譲り合う必要はない。

問19 交通整理の行われていない図3のような交差点では、原動機付自転車は徐行して、普通自動車の進行を妨げないようにする。

図3
狭い　広い
原動機付自転車　普通自動車

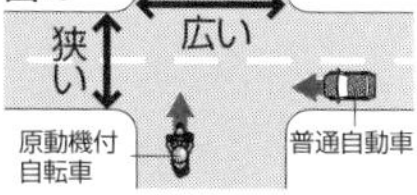

問20 一方通行の道路から右折する場合は、あらかじめ道路の中央に進路変更しなければならない。

問21 幼稚園児を降ろすために停車中の通園バスの側方を通過するときは、徐行して安全を確かめなければならない。

問11 ○ 踏切の遮断機が下り始めたり、警報機が鳴り始めたりしたときは、危険なので踏切内に進入してはいけません。 P63 ポイント214

問12 ○ 横断歩道や自転車横断帯とその手前30メートル以内の場所は、追い越し・追い抜きともに禁止されています。 P37 ポイント116

問13 × 路線バスの発進を妨げてはいけませんが、必ずしも一時停止して待つ必要はありません。 P40 ポイント128

問14 ○ 図2は「車両横断禁止」の標識です。右折を伴う車両の横断は禁止ですが、左折を伴う横断は禁止されていません。 P25 ポイント048

問15 ○ 他の車などの正常な通行を妨げるおそれがあるときは、転回禁止場所でなくても、転回してはいけません。 P51 ポイント174

問16 ○ 緩みが大きい場合は、チェーンが外れたり切れたりするおそれがあるので、運転してはいけません。 P29 ポイント083

問17 × 黄色のつえを持っている人に対しても、一時停止か徐行をして、安全に通行できるようにしなければなりません。 P38 ポイント117

問18 × 道路を走行するときは、交通法規を守るのはもちろん、譲り合う気持ちを持つことも大切です。（ここで覚える）

問19 ○ 普通自動車側が優先道路ですので、原動機付自転車は、普通自動車の進行を妨げてはいけません。 P54 ポイント182

問20 × 一方通行の道路は対向車が来ないので、道路の中央ではなく、あらかじめ道路の右端に進路変更します。 P52 ポイント176

問21 ○ 幼稚園児の急な飛び出しに備え、徐行して安全を確かめなければなりません。 P38 ポイント118

ココもチェック

違いをチェック！

「追い越し」と「追い抜き」の違い

●追い越し
自車が進路を変えて、進行中の前車の前方に出ること。

●追い抜き
自車が進路を変えずに、進行中の前車の前方に出ること。

まとめて覚える！

一時停止か徐行が必要な歩行者

車は、次のような人が安全に通行できるように、保護しなければならない。
●一人歩きの子ども。
●身体障害者用の車いすの人。
●白か黄のつえを持った人。
●盲導犬を連れた人。
●通行に支障がある高齢者など。

問22 交差点で直進する車は、右折しようとしている車より先に進むことができる。

問23 横断歩道に近づいたとき、横断する歩行者がいないことが明らかだったので、そのままの速度で進行した。

問24 警察官が交差点で灯火を横に振って交通整理をしているとき、振られている方向に進行する交通は、信号機の青色の灯火と同じ意味である。

問25 ブレーキレバーやブレーキペダルには、15〜20ミリメートル程度のあそびをつくっておくのが正しい調整である。

問26 図4は、一方通行を表す標識である。

図4

問27 片側2車線の道路の交差点で信号機が青色のとき、原動機付自転車は直進、左折、右折することができる（二段階右折の標識がある場合を除く）。

問28 交差点で右折しようとする場合は、交差点から30メートル手前の地点に達したときに、方向指示器や手を使って合図をしなければならない。

問29 直線道路で進路変更しようとするときは、たとえ後続車に急ハンドルや急ブレーキをかけさせることになったとしてもやむを得ない。

問30 疲れているときでも、慣れた道路を短時間運転する程度であれば、運転に支障はない。

問31 大地震の警戒宣言が発せられたときは、避難するために車を使用してもよい。

問32 走行中の車の速度が2倍になると、カーブで外に飛び出そうとする遠心力は4倍になるが、制動距離は変わらない。

問22 ⭕ 右折車は、たとえ先に交差点に入っていても、直進車の進行を妨げてはいけません。
P55
ポイント 186

問23 ⭕ 横断する歩行者が明らかにいないときは、そのままの速度で進行することができます。
P37
ポイント 114

問24 ⭕ 灯火が振られている方向の交通は、信号機の青色の灯火と同じ意味を表します。
P22
ポイント 034

問25 ⭕ ブレーキレバーやブレーキペダルには、適度なあそび（15～20ミリメートル程度）が必要です。
P29
ポイント 080

問26 ❌ 図4は、一方通行の標識ではなく、前方の信号が赤や黄でも左折することができる「左折可」の標示板です。
P21
ポイント 031

問27 ⭕ 片側2車線の道路の交差点では、原動機付自転車は、直進、左折、右折することができきます。
P20
ポイント 024

問28 ⭕ 交差点で右折する場合の合図は、交差点（手前の側端）から30メートル手前の地点で行います。
P44
ポイント 148

問29 ❌ 後続車が急ハンドルや急ブレーキで避けなければならないような場合は、進路変更してはいけません。
P51
ポイント 172

問30 ❌ 疲れているときは、注意力が散漫になったり、判断力が衰えたりするので、短時間でも運転しないようにします。
P17
ポイント 015

問31 ❌ 大地震が発生して避難するときは、交通の混乱を避けるため、やむを得ない場合を除き、車を使用してはいけません。
P70
ポイント 241

問32 ❌ 走行中に働く遠心力や制動距離は、速度の二乗に比例して大きくなります。
P19
ポイント 020・022

ココもチェック

違いをチェック！

横断歩道に近づいたときの対処法

●横断する人が明らかにいない

そのまま進める。

●横断する人がいるかいないか明らかでない

停止できるような速度で進む。

●横断している、横断しようとしている人がいる

一時停止して歩行者に道を譲る。

種類を確認！

合図を行う時期の違い

●左折・右折・転回

右折、左折、転回しようとする30メートル手前の地点。

●左側・右側への進路変更

左側、右側に進路変更しようとする約3秒前。

●徐行・停止

徐行、停止しようとするとき。

●後退

後退しようとするとき。

問33 駐車するときはエンジンを止め、キーを携帯し、他人に無断で運転されないようにハンドルをロックするなどの措置をとらなければならない。

☐ ☐

問34 原動機付自転車を運転するとき、やむを得ない理由があれば、運転免許証を携帯しなくてもよい。

☐ ☐

問35 図5のようなカーブを走行するとき、遠心力はAの方向に働く。

☐ ☐

図5

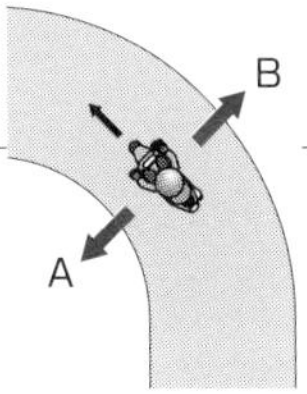

問36 踏切内で駐停車することは禁止されているが、その端から10メートル以内の場所は、短時間なら駐停車してもよい。

☐ ☐

問37 踏切では、その手前で完全に停止し、自分の目と耳で安全を確かめなければならない（青信号に従う場合を除く）。

☐ ☐

問38 進路変更は、右左折や遅い車を追い越すときなど必要な場合以外は、できるだけ行わないようにする。

☐ ☐

問39 図6の標識のある道路は、自動車は原則として通行できないが、原動機付自転車はその先に自宅の車庫がある場合に限って通行できる。

☐ ☐

図6

問40 交通量の少ない道路で原動機付自転車を運転するときは、ヘルメットを用意していれば、必ずしもかぶって運転する必要はない。

☐ ☐

問41 標識や標示で規制されていない道路での原動機付自転車の最高速度は、時速40キロメートルである。

☐ ☐

問42 図7のマークを付けている車は、運転者の聴覚に障害があり、警音器の音が聞こえないことがあるので、注意して運転する必要がある。

☐ ☐

図7 黄 黄 緑

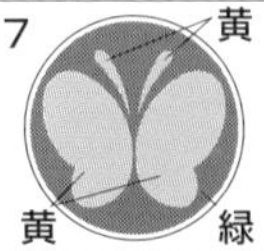

問43 前夜に酒を飲み、二日酔いの状態であったが、運転には自信があったので原動機付自転車に乗って通勤した。

☐ ☐

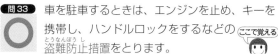

問33 ◯ 車を駐車するときは、エンジンを止め、キーを携帯し、ハンドルロックをするなどの盗難防止措置をとります。〈ここで覚える〉

問34 ✕ 原動機付自転車を運転できる運転免許証を、必ず携帯しなければなりません。 P17 ポイント013

問35 ✕ カーブの外側に引っ張られる力が遠心力なので、図5のようなカーブでは、遠心力はBの方向に働きます。 P19 ポイント020

問36 ✕ 踏切とその端から前後10メートル以内の場所は、駐停車が禁止されています。 P59 ポイント203

問37 ◯ 踏切の直前で一時停止し、自分の目と耳で安全を確かめます。 P62 ポイント213

問38 ◯ 進路変更を頻繁に行うと交通事故の原因になるので、進路変更はみだりに行ってはいけません。 P51 ポイント172

問39 ✕ 原動機付自転車は、歩行者用道路を通行できません。その先に車庫がある場合は、警察署長の許可が必要です。 P35 ポイント108

問40 ✕ 原動機付自転車を運転するときは、交通量にかかわらず、必ずヘルメットをかぶらなければなりません。 P31 ポイント096

問41 ✕ 原動機付自転車の法定最高速度は、時速30キロメートルです。 P41 ポイント133

問42 ◯ 図7は「聴覚障害者マーク」です。聴覚に障害がある人が運転しているので、安全に通行できるように配慮します。 P38 ポイント123

問43 ✕ 体内にアルコールが残っている間は、たとえ原動機付自転車でも運転してはいけません。 P17 ポイント016

ココもチェック

 まとめて覚える！

運転するときに必要なもの

● 運転免許証（その車を運転できる免許証）。
● メガネやコンタクトレンズなど（免許証に条件が記載されている人のみ）。
● 強制保険の証明書（自賠責保険または責任共済）。
● 乗車用ヘルメット（工事用安全帽はダメ）。

違いをチェック！

歩行者用道路の通行に関するルール

【原則】 車は、歩行者用道路を通行してはいけない。
＊自転車などの軽車両も車になるので通行禁止。

【例外】 沿道に車庫を持つなどを理由に警察署長の許可を受けた車だけは通行できる。この場合、歩行者の通行に十分注意して徐行しなければならない。

問44 左側部分の幅が6メートル未満の道路で、追い越しのため道路の中央から右側部分にはみ出すときは、そのはみ出し方ができるだけ少なくなるようにしなければならない。

問45 図8の標識のある道路では、車を駐車するとき、道路の端に対して斜めに止めなければならない。

図8

斜め駐車

問46 二輪車のハンドルは、手首を上げぎみにしてハンドルを手前に引き、グリップを強く握るようにする。

問47 雨上がりの道路を時速30キロメートルで進行しています。この場合、どのようなことに注意して運転しますか？

(1)雨で濡れた道路での急ブレーキは、横滑りの原因になるので、早めにスロットルを戻し、速度を落とす。

(2)雨で濡れた道路での急なハンドル操作は、転倒の原因になるので、速度を落として慎重に運転する。

(3)雨で濡れた路面のカーブでは、曲がりきれず、中央線をはみ出すおそれがあるので、手前の直線部分で十分に速度を落とす。

問48 交差点の手前で停止しました。渋滞している交差道路を直進するときは、どのようなことに注意して運転しますか？

(1)渋滞している車の向こう側から二輪車が走行してくるかもしれないので、その手前で止まって左側を確かめながら通過する。

(2)渋滞している車が動き出すおそれがあるので、交差点に入るときは、渋滞している先のほうを確認してから発進する。

(3)進行方向の渋滞している車の間はあいているので、交差点に入る前に左右を確認したらすばやく通過する。

問44 ○ 設問の道路では右側部分にはみ出して通行できますが、はみ出し方ができるだけ少なくなるようにして通行します。 P33 ポイント**103**

問45 ○ 図8の標識は「斜め駐車」を表し、道路の端に対して斜めに車を駐車しなければなりません。 ここで覚える

問46 ✕ 二輪車のハンドルは、手首を下げ、ハンドルを前へ押すような気持ちで、グリップを軽く握ります。 P30 ポイント**091**

問47

天候と路面の状態に注目！

道路に水たまりがあり、滑りやすい状態です。また、落ち葉でさらにタイヤがスリップしやすいので慎重な運転が必要です。

(1) ○ 早めに速度を落とし、慎重に運転します。

(2) ○ 雨や落ち葉で、横滑りするおそれがあります。

(3) ○ カーブ内でブレーキをかけずにすむように、手前の直線部分で十分速度を落とします。

問48

渋滞している車の動きとそのかげに注目！

進路はあいていても、車が動き出すかもしれません。また、車の向こう側を二輪車が走行してくるおそれがあります。

(1) ○ 車のかげから二輪車が走行してくるおそれがあります。

(2) ○ 渋滞している先のほうを確認して、状況を判断します。

(3) ✕ 車が動き出すおそれがあります。

模擬テスト
第**3**回

それぞれの問題について、正しいものには「○」、誤っているものには「×」で答えなさい。配点は、問1〜46が各1点、問47・48が各2点（3問とも正解の場合）。

制限時間	合格点
🕐 **30**分	✏ **45**点以上

問1 □□ 追い越しに十分な余地のない道路で、他の車に追い越されるときは、できるだけ左側に寄って進路を譲るべきである。

問2 □□ 交通事故で負傷者がいない物損事故のときは、お互いに話し合い、示談がまとまれば警察官に届け出る必要はない。

問3 □□ 原動機付自転車は、図1の標識のある道路を通行してはいけない。

図1

問4 □□ 標識などがなくても、警察官が通行禁止や駐車禁止などの指示をする場合があるが、このような指示には従わなければならない。

問5 □□ 踏切とその端から10メートル以内の場所では、駐車は禁止されているが、停車は禁止されていない。

問6 □□ 左側部分の幅が6メートル未満の道路であっても、中央線が黄色の実線のところでは、その線から右側部分にはみ出して追い越しをしてはならない。

問7 □□ 安全な停止距離は、速度が同じであっても、天候、路面、タイヤの状態、荷物の重さなどによって違ってくる。

問8 □□ 図2の信号機がある場合、原動機付自転車はどんな交差点であっても右折することができる。

図2

問9 □□ 灯火類についての日常点検では、各灯火が正常に点灯するか、レンズに汚れや傷がないかなどについて点検する。

問10 □□ 右折や左折などの合図は、その行為が終わるまで続けなければならない。

を当てながら解いていこう。間違えたら **ポイント** を再チェック！

問1 ○ 追い越されるのに十分な余地がないときは、できるだけ左側に寄って他の車に進路を譲ります。 ここで覚える

まとめて覚える！

追い越されるときの走り方

●後ろの車の追い越しが終わるまで速度を上げてはいけない。

●十分な余地がない場合は、できるだけ左側に寄って追い越す車に進路を譲る。

＊徐行する義務はない。

問2 ✕ 交通事故が起こったら、たとえ負傷者がいなくても、必ず警察官に届け出なければなりません。 P69 ポイント234

問3 ○ 図1の標識は「自動車専用」を表しているので、原動機付自転車は通行できません。 ここで覚える

問4 ○ 車の運転者は、警察官の指示に従わなければなりません。 ここで覚える

問5 ✕ 踏切とその端から10メートル以内は駐停車禁止場所なので、駐車だけでなく、停車もしてはいけません。 P59 ポイント203

問6 ○ 黄色の実線は、「追越しのための右側部分はみ出し通行禁止」を表すので、右側にはみ出す追い越しは禁止です。 P51 ポイント173

違いをチェック！

中央線の色と意味

●白の実線…片側6メートル以上の道路なので、はみ出しての追い越しは禁止。

●白の破線…片側6メートル未満の道路なので、はみ出しての追い越しはOK。

●黄色の実線…はみ出しての追い越しは禁止。

●白と黄色の組み合わせ…AからBへは禁止、BからAへはOK。

問7 ○ 同じ速度でも、雨で路面が濡れていたり、タイヤがすり減っていたりすると、停止距離が長くなります。 P41 ポイント137

問8 ✕ 片側3車線以上の道路の交差点や、二段階の右折方法が指定されている交差点では、信号に従って右折できません。 P21 ポイント027

問9 ○ 灯火類の日常点検は、前照灯の点灯具合や方向指示器の点滅具合などを点検します。 P29 ポイント085

問10 ○ 右折や左折などの合図は、その行為が終わるまで継続しなければなりません。 P44 ポイント151

問11	児童の乗り降りのため停止している通学・通園バスの側方を通過するとき、バスとの間に1メートルの間隔^{かんかく}をとれば、徐行^{じょこう}しなくてもよい。
□ □	

問12	自転車横断帯の直前に止まっている車がある場合、その側方を通って前方に出るときは、一時停止して安全を確認しなければならない。
□ □	

問13	図3の標示は、前方に優先道路があることを表している。
□ □	

図3

問14	道路に面した場所に入るために歩道や路側帯^{ろそくたい}を横切るときは、徐行して歩行者の通行を妨^{さまた}げないようにしなければならない。
□ □	

問15	信号機のない交差点で、交差する道路の幅が明らかに広い場合は、徐行するとともに、交差する道路の交通の進行を妨げてはならない。
□ □	

問16	前照灯^{ぜんしょうとう}などの灯火類は、夜間走行するときにつけるものなので、昼間はつける必要はない。
□ □	

問17	駐車禁止の場所であっても、荷物の積みおろしの場合は、時間に関係なく止めることができる。
□ □	

問18	図4の標識のある道路での最高速度は、自動車・原動機付自転車ともに時速40キロメートルである。
□ □	

図4
40

問19	大地震が発生して避難^{ひなん}するとき、自動車を使用するのは避^さけるべきだが、原動機付自転車は積極的に使用するべきである。
□ □	

問20	左右の見通しのきかない交差点を通行するときは、必ず徐行しなければならない。
□ □	

問21	危険を避けるためやむを得ない場合は、急ブレーキをかけてもよい。
□ □	

問11 バスとの間に１メートルの間隔をとれる場合でも、徐行して安全を確かめなければなりません。
P38
ポイント118

 問12 自転車横断帯の直前で一時停止して、横断する自転車の安全を確認してから進行します。
P37
ポイント115

 問13 図３の標示は「前方優先道路」を表し、前方の交差する道路が優先道路です。
P27
ポイント071

 問14 歩行者や自転車の有無にかかわらず、歩道や路側帯の直前で必ず一時停止しなければなりません。
P34
ポイント106

 問15 信号機のない交差点では、広い道路の交通が優先です。徐行して、交差道路の交通の進行を妨げないようにします。
P54
ポイント183

 問16 昼間でも霧などで50メートル先が見えないような場所では、前照灯などの灯火（ライト）をつけなければなりません。
P66
ポイント223

 問17 荷物の積みおろしでも、５分を超えると駐車になります。５分以内であれば、駐車禁止の場所でも止められます。
P56
ポイント188・189

 問18 自動車の最高速度は時速40キロメートルですが、原動機付自転車の最高速度は時速30キロメートルです。
P41
ポイント135

問19 大地震が発生して避難するときは、交通の混乱を避けるため、やむを得ない場合を除き、車を使用してはいけません。
P70
ポイント241

問20 交通整理の行われている場合や、優先道路を通行している場合は、徐行する必要はありません。
P43
ポイント143

問21 急ブレーキをかけると転倒などの危険があるので、危険を避ける場合以外はかけてはいけません。
ここで覚える

 ココもチェック

 まとめて覚える！

停止車両があったら要注意！

横断歩道や自転車横断帯の手前に停止車両があるときは、前方に出る前に一時停止することが義務づけられている。車のかげで横断している歩行者や自転車が見えないので、一時停止して安全を確認してから進まなければならない。

違いをチェック！

荷物の積みおろしは５分がポイント！

●５分以内の荷物の積みおろしは「停車」になる。
●５分を超える荷物の積みおろしは「駐車」になる。
＊人の乗り降り…時間にかかわらず「停車」。
＊人待ち、荷物待ち…時間にかかわらず「駐車」。
＊故障による停止…「駐車」。

原付免許
本試験模擬テスト
第３回

問22 □□ 原動機付自転車は、右折するとき、路面電車の軌道敷内を通行することができる。

問23 □□ 通行に支障のある高齢者などが歩いているときは、一時停止か徐行をして、その人が安全に通行できるようにする。

問24 □□ 図5の標識のある場所を通る車は、必ず警音器を鳴らさなければならない。

図5

問25 □□ 上り坂の頂上付近やこう配の急な下り坂であっても、道幅が広ければ徐行しなくてもよい。

問26 □□ 原動機付自転車の荷台に積むことができる荷物の高さは、地上から2メートルまでである。

問27 □□ トンネル内は、車両通行帯の有無に関係なく、自動車や原動機付自転車を追い越すことができない。

問28 □□ 信号機のある交差点で、停止線がないときの停止位置は、信号機の直前である。

問29 □□ 図6の標識は、前方の交差する道路が優先道路であることを表している。

図6

問30 □□ 薬は身体の状態をよくするものであるから、どんな薬を服用した場合でも車を運転してかまわない。

問31 □□ 車両通行帯のない道路の交差点で、青色の灯火信号に対面した原動機付自転車は、自動車と同じ方法で右折することができない。

問32 □□ 左側前方に止まっている車が右側の方向指示器を操作したときは、その車は発進しようとしていると考えてよい。

問22 軌道敷内は、原則として通行禁止ですが、右折
するときは軌道敷内を通行できます。 P35
ポイント
109

問23 一時停止か徐行をして、通行に支障のある高齢 •••
者が安全に通行できるようにしなけれ P38
ばなりません。 ポイント
117

問24 図5は「警笛鳴らせ」の標識です。この標識の
ある場所では、必ず警音器を鳴らして P45
自車の接近を知らせます。 ポイント
152

問25 上り坂の頂上付近やこう配の急な下り坂では、
道幅に関係なく、徐行しなければなり P43
ません。 ポイント
145・146

問26 原動機付自転車の荷台には、地上から2メート
ルまで荷物を積むことができます。 P28
ポイント
076

問27 トンネルは追い越し禁止の場所ですが、車両通
行帯がある場合は追い越しが禁止され P49
ていません。 ポイント
164

問28 信号機のある交差点で、停止線がないときの停 •••
止位置は、信号機の直前ではなく、交 ここで覚える
差点の直前です。

問29 図6は「優先道路」の標識です。標識のある側
の道路が優先道路であることを表しま P26
す。 ポイント
057

問30 睡眠作用のあるかぜ薬や頭痛薬などを服用した
ときは、危険なので車を運転しないよ P17
うにします。 ポイント
015

問31 設問のような交差点の場合、原動機付自転車は、
直進、左折、右折（小回りの方法）す P20
ることができます。 ポイント
024

問32 車が発進するときは、右側の方向指示器を操作
するので、発進に備え、注意して進行 ここで覚える
します。

まとめて覚える！

「通行に支障のある高齢者など」になる人

● つえや歩行補助車などを使っている高齢者。
● 身体に障害がある人。
● 松葉づえをついている人。
● 妊産婦など。

種類を確認！

停止線がないときの停止位置

● 交差点…交差点の直前。
● 交差点以外の場所に信号機があるとき…信号機の直前（信号の見える位置）。
● 交差点以外の場所に警察官や交通巡視員がいるとき…警察官や交通巡視員の1メートル手前。

問33 原付免許を受けた者は、小型特殊自動車を運転することができる。

問34 一方通行の道路で右折する場合は、あらかじめ道路の右端に寄って徐行しなければならない。

問35 図7の標示のある道路で、原動機付自転車は矢印のように進路を変更してはならない。

図7

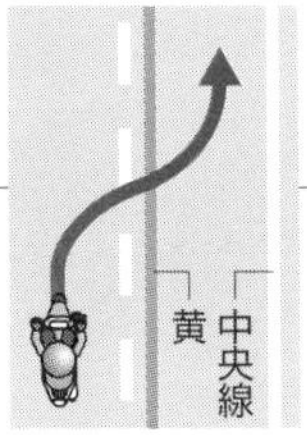

問36 二輪車を運転中、四輪車から見える位置にいれば、四輪車から見落とされることはない。

黄 中央線

問37 標識や標示は、交通の安全と円滑のために、車を「どのように運転すべきか」または「どのように運転してはいけないのか」などを運転者に示している。

問38 転回するときの合図は、右折するときの合図と同じ方法で行う。

問39 安全な車間距離とは、停止距離と同じ程度以上の距離である。

問40 道路の曲がり角から5メートル以内の場所は、見通しのきかない場合に限り、駐停車が禁止されている。

問41 安全運転の大切なポイントは、自分の性格やくせを知り、それをカバーした運転をすることである。

問42 図8の標識がある場所でも、警察官の手信号に従うときは、一時停止しなくてもよい。

図8 止まれ STOP

問43 二輪車は、自分で最も運転しやすい姿勢で運転するのがよい。

問33 ✕
原付免許で運転できるのは<u>原動機付自転車</u>だけなので、<u>小型特殊自動車</u>を運転することはできません。
P23
ポイント 038

問34 ◯
一方通行の道路で右折するときは、道路の<u>右端</u>に寄って徐行します。それ以外の道路では、道路の<u>中央</u>に寄ります。
P52
ポイント 176

問35 ✕
原動機付自転車側に白の破線が引かれているので、矢印のように<u>進路を変更すること</u>はできます。
P51
ポイント 173

問36 ✕
たとえ四輪車の見える位置にいても、四輪車のドライバーが<u>気づかず</u>に、<u>見落とされ</u>ることがあります。
ここで覚える 😊

問37 ◯
標識や標示は、交通の安全と円滑のために、運転者に<u>運転の方法</u>などを示すものです。
ここで覚える 😊

問38 ◯
転回と右折するときの合図は、<u>右の方向指示器</u>を操作するなど、<u>同じ方法</u>で行います。
P44
ポイント 148

問39 ◯
安全な車間距離は、<u>停止距離と同じ程度以上</u>の距離です。余裕をもって停止できるような<ruby>間隔<rt>かんかく</rt></ruby>を保ちましょう。
ここで覚える 😊

問40 ✕
道路の曲がり角から<u>5メートル以内</u>の場所は、<u>見通し</u>にかかわらず、駐停車してはいけません。
P59
ポイント 201

問41 ◯
運転には、その人の性格が大きく<ruby>影響<rt>えいきょう</rt></ruby>します。自分の性格やくせを知り、それを<u>カバー</u>した運転を心がけます。
ここで覚える 😊

問42 ◯
図8は「<u>一時停止</u>」の標識ですが、警察官の手信号に従うときはそちらのほうが<u>優先</u>します。
P25
ポイント 056

問43 ✕
<u>背すじ</u>をまっすぐ伸ばす、肩の力を抜き、<u>ひじ</u>をわずかに曲げるなど、<u>正しい運転姿勢</u>で運転します。
P30
ポイント 088~095

ココもチェック

📏 **違いをチェック！**

右折方法の違い

●**対面通行の道路での右折**
あらかじめ道路の<u>中央</u>に寄り、交差点の中心のすぐ内側を<u>徐行</u>しながら通行する。

●**一方通行の道路での右折**
あらかじめ道路の<u>右端</u>に寄り、交差点の中心の内側を<u>徐行</u>しながら通行する。

＊二段階の方法で<u>右折</u>する場合を除く。

📖 **まとめて覚える！**

安全な車間距離

安全な車間距離は、<u>停止距離</u>と同じ程度以上の距離が必要。速度ごとの車間距離の目安は次のとおり。
●時速20キロメートル
　➡ <u>9メートル以上</u>
●時速30キロメートル
　➡ <u>14メートル以上</u>
●時速40キロメートル
　➡ <u>22メートル以上</u>

問44 交差点やその付近でない道路で、緊急自動車に進路を譲るときは、必ずしも徐行や一時停止する必要はない。

□ □

問45 二輪車を運転するときは、必ず乗車用ヘルメットをかぶらなければならない。

□ □

問46 二輪車のスロットルグリップのワイヤーが引っかかって戻らなくなり、エンジンの回転数が下がらないときは、ブレーキを強くかけて急停止させるのがよい。

□ □

問47 時速30キロメートルで進行しています。この場合、どのようなことに注意して運転しますか?

(1)歩行者がバスのすぐ前を横断するかもしれないので、いつでも止まれるような速度に落として、バスの側方を通過する。

□ □

(2)対向車が来るかどうかバスのかげでよくわからないので、前方の安全をよく確かめてから、中央線を越えて進行する。

□ □

(3)バスを降りた人が、バスの後ろを横断するかもしれないので、警音器を鳴らし、いつでもハンドルを右に切れるよう注意して進行する。

□ □

問48 時速30キロメートルで進行しています。交差点を左折するときは、どのようなことに注意して運転しますか?

(1)前車はガソリンスタンドに入ると思われるので、右の車線に移り、前車を追い越して左折する。

□ □

(2)前車はガソリンスタンドに入るかどうかわからないので、十分車間距離を保ち、その動きに注意して進行する。

□ □

(3)前車も交差点を左折すると思うので、前車に接近して左折する。

□ □

問44 交差点やその付近ではない道路では、徐行や一時停止の義務はなく、左側に寄って進路を譲ります。 P39 ポイント 126

問45 必ず乗車用ヘルメットをかぶって運転します。なお、工事用安全帽は乗車用ヘルメットではありません。 P31 ポイント 096

問46 設問のような事態になったときは、ただちに点火スイッチを切り、エンジンを止めてから停止させます。 P68 ポイント 230

問47

対向車の有無と歩行者に注目！

バスのかげから対向車が接近してくるおそれがあります。また、バスを降りた人が道路を横断するかもしれません。

(1) ◯ バスの直前を歩行者が横断するおそれがあります。

(2) ◯ 対向車の接近に十分注意して進行します。

(3) ✕ 警音器は鳴らさず、歩行者の横断に注意して進行します。

問48

前車の運転行動に注目！

左側にガソリンスタンドがあるため、前車がそこに入るのか、その先の交差点を左折するかをよく見きわめて運転しましょう。

(1) ✕ 交差点の直前で追い越しをしてはいけません。

(2) ◯ 前車の動きに十分注意して進行します。

(3) ✕ 前車はガソリンスタンドに入るため、急に速度を落とすおそれがあります。

それぞれの問題について、正しいものには「○」、誤って
いるものには「×」で答えなさい。配点は、問1～46
が各1点、問47・48が各2点（3問とも正解の場合）。

制限時間
🕐
30分

合格点
✏
45点以上

問1
□ □

安全地帯のない停留所に路面電車が停車していて、その路面電
車との間に1.5メートル以上の間隔がとれないときは、乗降客
がいなくなるまで、その後方で一時停止しなければならない。

問2
□ □

二輪車は、つねに道路の左寄りを通行しているので、前方の車
が進路を変えるために方向指示器などで合図をしても、とくに
進路や走行速度を変える必要はない。

問3
□ □

深い水たまりを通過したあとは、ブレーキが効かなくなったり、
効きが悪くなったりすることがある。

問4
□ □

図1の標識から先の道路は滑りやすいので、そ
の手前で速度を落とし、ブレーキをかけないで
すむように進行するとよい。

図1

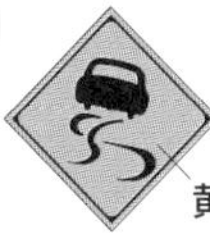

黄

問5
□ □

二輪車を運転するときは、前かがみになるほど風圧を受けない
ので、前傾姿勢が二輪車の理想的な乗車姿勢である。

問6
□ □

原動機付自転車は、例外なく軌道敷内を通行してはならない。

問7
□ □

園児を乗せるため停車中の通園バスの側方を通行するときは、
通園バスの後方で必ず一時停止しなければならない。

問8
□ □

前を走る四輪車の運転者が図2のような手によ
る合図をしたときは、四輪車が徐行か停止する
と考えてよい。

図2

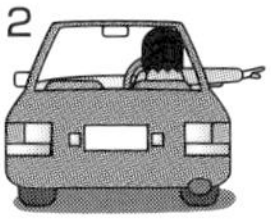

問9
□ □

白線2本で区画されている路側帯は、その幅が広くても、路側
帯に入って駐停車してはいけない。

問10
□ □

自動車損害賠償責任保険証明書は重要な書類なので、車に備
えつけずに、家で保管しておく。

ココもチェック

問1 ⭕ 設問のような状況のときは、路面電車の後方で・・・
停止して、乗降客がいなくなるまで待
たなければなりません。
P36
ポイント
113

問2 ❌ 前車の進行を妨げないように、状況に応じて
進路変更したり、速度を落としたりし
ます。
ここで覚える

問3 ⭕ 深い水たまりを通過してブレーキ装置に水が入
ると、ブレーキの効きが悪くなること
があります。
ここで覚える

問4 ⭕ 図1は、滑りやすい道路が前方にあることを予
告する警戒標識です。その手前で速度
を落とすことが大切です。
ここで覚える

問5 ❌ 前かがみになると視野が狭くなり、危険です。
背すじを伸ばして正しい姿勢で運転し
ます。
P30
ポイント
088〜095

問6 ❌ 軌道敷内は、原則として通行してはいけません・・・
が、右左折、横断など、やむを得ない
ときは通行できます。
P35
ポイント
109

問7 ❌ 必ずしも一時停止する必要はなく、徐行して園
児などの安全を確かめます。
P38
ポイント
118

問8 ❌ 腕を車の外に出して水平に伸ばす手による合図
は、右折か転回、右へ進路変更するこ
とを表します。
P44
ポイント
148

問9 ⭕ 白線2本の路側帯は「歩行者用路側帯」です。
幅が広くても、中に入っての駐停車は
できません。
P61
ポイント
209

問10 ❌ 万一の事故に備え、自動車損害賠償責任保険証
明書（自賠責保険証明書）は車に備え
つけておきます。
P17
ポイント
013

📏 **違いをチェック！**

停止中の路面電車のそばを通るときの原則と例外

【原則】 後方で停止し、乗降客や横断する人がいなくなるまで待つ。

【例外】 次の場合は、徐行して進むことができる。
①安全地帯があるとき（乗降客の有無にかかわらず）。
②安全地帯がなく乗降客がいない場合で、路面電車と1.5メートル以上の間隔がとれるとき。

📏 **違いをチェック！**

軌道敷内を通行できるとき

【原則】 車は、軌道敷内を通行してはいけない。

【例外】 次の場合は通行できる。
①右左折、横断、転回をするため軌道敷内を横切るとき。
②危険防止のためやむを得ないとき。
③道路工事などのため、左側部分だけでは通行できないとき。

問11
□ □ 安全な速度とは、つねに法定速度で走行することである。

問12
□ □ 自動車や原動機付自転車を運転して交通事故を起こした場合は、ただちに運転を中止して安全な場所に車を移動し、負傷者があればその救護を第一にしなければならない。

問13
□ □ 原動機付自転車を運転中、前方の信号が「赤色の灯火の点滅」だったので、停止位置で一時停止し、安全を確認したあとに進行した。

問14
□ □ 図3のマークを付けている車に対しては、前方に割り込んだり、車の側方に幅寄せをしてはならない。

図3　黄緑　オレンジ　緑　黄

問15
□ □ 原動機付自転車に荷物を積むときは、荷台の左右から15センチメートルを超えてはみ出してはならない。

問16
□ □ 横断歩道のすぐ手前に駐停車してはいけないが、すぐ向こう側ならかまわない。

問17
□ □ 交差点で進行方向別の通行区分が指定されているところでは、緊急自動車が接近してきても進路を譲らなくてよい。

問18
□ □ こう配の急な下り坂でも、他の交通が少なく危険がないと思われるときは、徐行しなくてもよい。

問19
□ □ 図4のような交通整理の行われていない交差点では、原動機付自転車は普通自動車に進路を譲らなければならない。

図4　普通自動車　広い　狭い　原動機付自転車

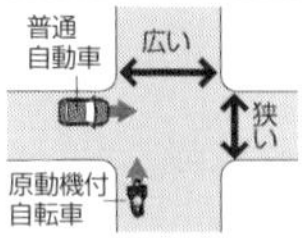

問20
□ □ タイヤがすり減っているときや濡れたアスファルト道路を走るときは、路面との摩擦抵抗は大きくなり、制動距離は短くなる。

問21
□ □ 路線バスが発進しようとして発進の合図をしたので、その後ろで一時停止して進路を譲った。

問11 安全な速度とは、道路の交通状況（じょうきょう）、天候や視界などを考えた速度です。法定速度で走行することではありません。 ここで覚える

問12 交通事故を起こした場合は、事故の続発（ぞくはつ）を防止し、負傷者を救護し、警察官へ事故報告します。 P69 ポイント 234

問13 赤色の灯火の点滅信号では、一時停止をし、安全を確認してから進行します。 P21 ポイント 029

問14 図3は「高齢者マーク（高齢運転者標識）」です。このマークを付けている車に対する割り込みや幅寄せは禁止されています。 P38 ポイント 119・121

問15 原動機付自転車は、荷台の左右から 15 センチメートル（0.15 メートル）を超えてはみ出してはいけません。 P28 ポイント 077

問16 横断歩道とその端から前後5メートル以内は、駐停車禁止場所に指定されています。 P59 ポイント 202

問17 進行方向別の通行区分が指定されていても、通行区分に従う必要はなく、緊急自動車に進路を譲ります。 ここで覚える

問18 交通量などに関係なく、こう配の急な下り坂は徐行場所に指定されています。 P43 ポイント 146

問19 交通整理の行われていない交差点では道幅が広いほうが優先なので、原動機付自転車が先に通行できます。 P54 ポイント 183

問20 設問のような状況のときは、路面との摩擦抵抗は小さくなり、制動距離は長くなります。 P41 ポイント 137

問21 急ハンドルや急ブレーキで避けなければならない場合を除き、路線バスの発進を妨（さまた）げてはいけません。 P40 ポイント 128

 手順を覚える！

交通事故を起こしたときの措置

①続発事故の防止
車を安全な場所に移動する。

②負傷者の救護
負傷者がいる場合は、可能な応急救護処置を行う。

③警察官への報告
事故発生の場所や状況などを警察官に報告する。

 違いをチェック！

通行区分が指定されているとき

【原則】 指定された通行区分に従って通行する。
【例外】 次の場合は、必ずしも従う必要はない。
①緊急自動車が接近してきたとき（道路の左側に寄って通行する）。
②道路工事などでやむを得ないとき。

原付免許 本試験模擬テスト 第4回

問22
□ □
運転者が車から離れるときは、盗難防止の措置として、エンジンキーを携帯するだけでよい。

問23
□ □
上り坂の頂上付近、こう配の急な下り坂、道路の曲がり角付近は危険な場所であるため、徐行しなければならない。

問24
□ □
図5の標示は、前方に横断歩道か自転車横断帯があることを表している。

図5

問25
□ □
運転中は前方だけでなく、バックミラーなどで後方や車の周囲の状況もよく確かめながら進行すべきである。

問26
□ □
火災報知器から3メートル以内の場所は、駐車が禁止されている。

問27
□ □
バックミラーが破損している程度なら、整備不良車として扱われない。

問28
□ □
車両通行帯があるトンネルで、前の車を追い越した。

問29
□ □
「一時停止」の標識のある場所では、停止線の直前で一時停止しなければならないが、いったん停止したあとは、交差する道路の車に優先して通行することができる。

問30
□ □
砂利道やぬかるみを通過するときは、高速ギアなどを使って速度を上げ、ブレーキとハンドルを上手に使い、できるだけ早く通過する。

問31
□ □
図6の標識は、この先が行き止まりであることを表している。

図6

黄

問32
□ □
原動機付自転車の荷台に、高さ2メートルの荷物を積んで運転した。

問22 ✕ ハンドルを施錠し、エンジンキーを携帯し、車輪施錠装置で施錠し、貴重品を車に置かないようにします。 ここで覚える

問23 ○ 設問の場所は、いずれも徐行場所に指定されています。 P43 ポイント 144~146

問24 ○ 図5は、「横断歩道または自転車横断帯あり」の標示です。 ここで覚える

問25 ○ 運転中は、前方だけでなく、バックミラーや目視で後方や周囲の状況もよく確かめながら進行します。 ここで覚える

問26 ✕ 3メートル以内ではなく、火災報知器から1メートル以内が駐車禁止場所です。 P57 ポイント 191

問27 ✕ バックミラーが破損していると後方の安全確認に支障をきたすので、整備不良車となり、運転が禁止されています。 P29 ポイント 086

問28 ○ トンネルで追い越しが禁止されているのは、車両通行帯のない場合です。 P49 ポイント 164

問29 ✕ 「一時停止」の標識のある側が優先するという規定はありません。 P55 ポイント 187

問30 ✕ 砂利道やぬかるみは、低速ギアなどを使って速度を落とし、バランスをとりながら通過します。 P67 ポイント 229

問31 ✕ 図6は「その他の危険」を表す警戒標識です。行き止まりを意味する標識はありません。 ここで覚える

問32 ✕ 原動機付自転車の荷台に積める荷物の高さは、地上から2メートルまでです。高さ2メートルの荷物は積めません。 P28 ポイント 076

ココもチェック

まとめて覚える！

徐行場所に指定されている理由

①上り坂の頂上付近…道の向こう側が見えないので、安全が確認できない。
②こう配の急な下り坂…傾斜があるため、制動距離が長くなってしまう。
③道路の曲がり角付近…対向車の有無が確認できない。

まとめて覚える！

トンネル内で禁止されていること

● 追い越し禁止（車両通行帯のある場合を除く）。
● 駐停車禁止（車両通行帯の有無にかかわらず）。

問33 踏切を通過しようとしたところ、踏切の手前で警報機が鳴り始めたが、遮断機がまだ下り始めていなかったので急いで進行した。

問34 人を待つための車の停止は、時間にかかわらず駐車になるが、人の乗り降りのための車の停止はつねに停車になる。

問35 図7の標識のある道路は、大型自動二輪車や普通自動二輪車は通行できるが、原動機付自転車は通行してはいけない。

図7

問36 警察官から免許証の提示を求められても、なんら違反を犯していないときは、提示する必要はない。

問37 車は、やむを得ないときは「安全地帯」に入ることができる。

問38 環状交差点に入るときは、合図を行う必要はない。

問39 図8の標示のある通行帯を午前8時に通行中の原動機付自転車は、後方から路線バスが接近してきても、その通行帯から出る必要はない。

図8

バス優先
7-9

問40 原動機付自転車に荷物を積む場合の重さの制限は、50キログラムまでである。

問41 道路を走行中に大地震が発生し、やむを得ず道路上に車を止めておくときは、エンジンを止め、エンジンキーは付けたままにするか運転席などに置いて避難する。

問42 長い下り坂を通行する場合は、ギアをニュートラルにして、前後輪ブレーキをかけながら走行するのがよい。

問43 原動機付自転車で走行中に停止する場合は、停止しようとする30メートル手前で合図しなければならない。

問33 警報機が鳴り始めたら、遮断機が下り始めていなくても、危険なので踏切内に入ってはいけません。 ✕
P63
ポイント 214

問34 人の乗り降りのための車の停止は、時間の長短にかかわらず停車になります。 ○
P56
ポイント 188・189

問35 図7の標識は「二輪の自動車以外の自動車通行止め」を表し、原動機付自転車も通行できます。 ✕
P25
ポイント 046

問36 警察官から免許証の提示を求められたときは、違反の有無に関係なく、それを拒否してはいけません。 ✕
ここで覚える

問37 安全地帯は、例外なく車の進入が禁止されています。 ✕
P34
ポイント 105

問38 環状交差点では、出るときに合図をし、入るときは合図を行いません。 ○
P44
ポイント 147・148

問39 原動機付自転車は、「路線バス等優先通行帯」から出る必要はありません。道路の左側に寄って進路を譲ります。 ○
P40
ポイント 130

問40 原動機付自転車に積める荷物の重量制限は、30キログラムまでです。 ✕
P28
ポイント 076

問41 エンジンを止め、だれでも車を移動できるようにキーは付けたままにするか運転席などに置いて避難します。 ○
P70
ポイント 240

問42 長い下り坂では、低速ギアに入れてエンジンブレーキを活用し、前後輪ブレーキは頻繁に使用しないで走行します。 ✕
P65
ポイント 220

問43 停止する場合の合図は、30メートル手前の地点ではなく、停止しようとするときに行います。 ✕
P44
ポイント 149

意味を確認！

環状交差点の通行方法

1
側端に沿って徐行
左端に寄る

右左折、直進、転回しようとするときは、あらかじめできるだけ道路の左端に寄り、環状交差点の側端に沿って徐行しながら通行する（標示などで通行方法が指定されているときはそれに従う）。

2
左合図を出す

環状交差点から出るときは、出ようとする地点の直前の出口の側方を通過したとき（入った直後の出口を出る場合は、その環状交差点に入ったとき）に左側の合図を出す（環状交差点に入るときは合図を行わない）。

問44 横断歩道の手前を走行中、横断歩道付近に歩行者がいたが、横断するかわからなかったので、そのままの速度で横断歩道を通過した。

問45 歩行者のいる安全地帯のそばを通るときは、安全地帯の左側を1メートル以上あければ、そのまま通行することができる。

問46 子どもが幼稚園に遅れそうだったので、やむを得ず原動機付自転車の荷台に子どもを乗せて運転した。

問47 前車に続いて止まりました。坂道の踏切を通過するとき、どのようなことに注意して運転しますか？

(1)後続車がいるので、渋滞しないように、前車のすぐ後ろについて進行する。

(2)前車が発進しても、その先ですぐ停止してしまい、自分の車の入る余地がないかもしれないので、入れる余地があるか確認してから発進する。

(3)上り坂での発進は難しいので、発進したら前車に続いて踏切を通過する。

問48 時速30キロメートルで進行しています。この場合、どのようなことに注意して運転しますか？

(1)左側の路地の車のかげから二輪車が出てくるかもしれないので、注意しながら速度を落として進行する。

(2)対向車が右側のトラックを追い越すため、中央線をはみ出してくるかもしれないので、その前に加速してすばやくトラックの横を通過する。

(3)左の路地から車が出てくる様子がないので、警音器を鳴らしてこのままの速度で進行する。

問44 横断する歩行者がいるか、いないか明らかでないときは、その手前で停止できるように速度を落とします。

P37 ポイント**114**

問45 歩行者のいる安全地帯のそばを通るときは、間隔にかかわらず、徐行しなければなりません。

P36 ポイント**112**

問46 原動機付自転車の乗車定員は、運転者の1名だけです。たとえ子どもでも二人乗りはできません。

P28 ポイント**074**

問47

坂道の傾斜、その先が見えないことに注目！

前車が発進時に後退してくるおそれがあります。また、踏切の先に自車が入れる余地があるか確認してから発進することも大切です。

(1) ✕ 前車が発進するとき、後退して衝突するおそれがあります。

(2) ◯ 自分の車の入る余地を確認してから発進します。

(3) ✕ 踏切の直前で一時停止して、安全を確かめなければなりません。

問48

左側の車、トラックの後ろの車に注目！

優先道路を通行していても、左側の路地から車が出てくるかもしれません。また、トラックの後ろの車が追い越しをするおそれもあります。

(1) ◯ 左側の車のかげから二輪車が出てくるおそれがあります。

(2) ✕ 左側の路地の車が出てきて衝突するおそれがあります。

(3) ✕ 警音器は鳴らさず、速度を落として進行します。

模擬テスト 第5回

それぞれの問題について、正しいものには「○」、誤っているものには「×」で答えなさい。配点は、問1〜46が各1点、問47・48が各2点（3問とも正解の場合）。

制限時間 30分　合格点 45点以上

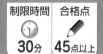

問1 二輪車のエンジンを切って押して歩くときでも、歩道を通行してはならない。

問2 原動機付自転車は、自動車損害賠償責任保険、責任共済、任意保険のいずれかに加入しなければならない。

問3 運転中、携帯電話を手に持って操作するのは危険なので禁止されている。

問4 交通量が少ないときは、他の歩行者や車に迷惑をかけることはないので、自分の都合だけを考えて運転してもよい。

問5 図1の標識は、「多くの学童が横断する横断歩道」を表している。

図1

黄

問6 車の内輪差は、曲がるときに徐行をすれば生じない。

問7 他の車に追い越されるとき、後続車との間に十分な余地がない場合は、できるだけ左に寄り、進路を譲らなければならない。

問8 消火栓、消防水利の標識がある場所や、消防用防火水槽の取入口から5メートル以内の場所では、駐車も停車もしてはならない。

問9 二輪車に乗るときは、たとえ暑い季節でも、身体の露出が少なくなるような服装をしたほうがよい。

問10 交通整理の行われていない、道幅が同じような交差点にさしかかった場合、車は路面電車の進行を妨げてはならない。

正解	ポイント解説

を当てながら解いていこう。間違えたら を再チェック！

 問1 エンジンを止めて押して歩くときは、歩行者として扱われるので、歩道を通行することができます。

P34
ポイント
107

 問2 原動機付自転車は、自賠責保険か責任共済のどちらかの強制保険に加入しなければなりません。

ここで覚える

問3 運転前に携帯電話の電源を切ったり、ドライブモードなどに設定したりすることが大切です。

P18
ポイント
018

 問4 たとえ交通量が少ないときでも、自分本位の運転をしてはいけません。

ここで覚える

 問5 図1は「学校、幼稚園、保育所などあり」を表す警戒標識です。横断歩道を表すものではありません。

P26
ポイント
061

 問6 カーブを曲がるときは、多かれ少なかれ、必ず内輪差が生じます。

P55
ポイント
185

問7 後続車との間に十分な余地がない場合は、できるだけ左に寄り、進路を譲らなければなりません。

ここで覚える

 問8 設問の場所は、駐車は禁止されていますが、停車はとくに禁止されていません。

P57
ポイント
195

問9 転倒したときのことを考えて、長そで・長ズボンなどの服装で、できるだけプロテクターを着用します。

P31
ポイント
097

問10 交通整理の行われていない道幅が同じような交差点では、左右どちらから来ても、路面電車が優先します。

P54
ポイント
184

ココもチェック

 手順を覚える！

原動機付自転車が「歩行者」と見なされるときの条件

①エンジンを止める。
②原動機付自転車から降りる。
③押して歩く。

歩行者

 意味を確認！

「内輪差」の意味

車が右や左に曲がるときは、後輪が前輪より内側を通る。この前輪と後輪の通行軌跡の差を内輪差という。

軌跡の差

原付免許　本試験模擬テスト　第5回

115

問11 □□ トンネルの中や濃い霧などで視界が悪いときに、右側の方向指示器を出して走行すると、後続車の判断を誤らせ、迷惑になるのでしてはならない。

問12 □□ 二輪車を運転するときは、工事用安全帽をかぶれば、乗車用ヘルメットの代わりにすることができる。

問13 □□ 図2の標識のある交差点では、原動機付自転車は直進しかできない。

図2

問14 □□ 黄色の線で区画されている車両通行帯でも、後続車がない場合は、その線を越えて進路変更してもよい。

問15 □□ 交差点で進行方向の信号が黄色の灯火の点滅を表示しているときは、必ず一時停止し、交差点の安全を確認してから進行する。

問16 □□ 車の運転者は、著しく迷惑をおよぼす騒音を生じさせるような急発進や急加速、から吹かしをしてはならない。

問17 □□ 行き違いができないような狭い坂道では、原則として下りの車が上りの車に道を譲る。

問18 □□ 決められた速度の範囲内であっても、道路や交通の状況、天候や視界などをよく考えて安全な速度で走行するのがよい。

問19 □□ 図3の標示は、普通自転車がこの標示を越えて交差点に進入してはいけないことを表している。

図3

問20 □□ 夜間は視線を先のほうに向け、前方の障害物を早く発見して避けるようにする。

黄

問21 □□ 原動機付自転車でブレーキをかけるときは、車体を垂直に保ち、ハンドルを切らない状態で、エンジンブレーキを効かせながら、前後輪ブレーキを別々に操作する。

問11 右折や進路変更をしないのに、右側の方向指示器を出して走行してはいけません。

P44
ポイント
151

問12 工事用安全帽は乗車用ヘルメットではありません。PS(c)マークか JIS マークの付いたヘルメットをかぶります。

P31
ポイント
096

問13 図2は、大型貨物自動車等が直進しかできないことを意味する標識なので、原動機付自転車は右左折できます。

ここで覚える

問14 黄色の線で区画された車両通行帯は進路変更禁止を表し、後続車がなくても進路変更してはいけません。

P51
ポイント
173

問15 黄色の灯火の点滅信号では、一時停止の義務はなく、他の交通に注意して進行することができます。

P21
ポイント
030

問16 急発進や急加速など、他の人に迷惑をおよぼす騒音を生じさせるような迷惑行為をしてはいけません。

ここで覚える

問17 坂道は上り坂のほうが発進が難しいので、原則として下りの車が上りの車に道を譲ります。

P65
ポイント
222

問18 道路や交通の状況、天候や視界などを考えた、最高速度以下の安全な速度で走行します。

ここで覚える

問19 図3は「普通自転車の交差点進入禁止」の標示で、普通自転車は黄色の線を越えて交差点に進入してはいけません。

ここで覚える

問20 視線が近いと、前方の障害物の発見が遅くなります。視線を先のほうへ向け、少しでも早く障害物を発見します。

ここで覚える

問21 前後輪ブレーキは、別々に操作するのではなく、同時にかけるのが基本です。

P42
ポイント
140

ココもチェック

まとめて覚える！

ヘルメットの選び方と正しい着用法

- PS(c) か JIS マークの付いた安全な乗車用ヘルメットをかぶる。
- 工事用安全帽は乗車用ヘルメットではないのでダメ。
- 自分の頭のサイズに合ったものを選ぶ。
- あごひもを確実に締め、正しく着用する。

まとめて覚える！

行き違うときのルール

- 坂道では、下りの車が上りの車に道を譲る。
- 片側に危険ながけがあるときは、がけ側（谷側）の車が停止して対向車（山側）に道を譲る。
- 待避所があるときは、上り下りに関係なく、待避所がある側の車がそこに入って対向車に道を譲る。

問22 夜間走行中の前照灯は、下向きに切り替えると前方の視界が悪くなって危険なので、つねに上向きにしておくべきである。

問23 踏切を通過しようとするときは、まず踏切の直前（停止線があるときはその直前）で一時停止し、自分の目だけで直接、左右の安全を確かめれば十分である。

問24 渋滞している車の左側を二輪車で走行するときは、車の間から歩行者が飛び出してきたり、前車のドアが急に開いたりすることがあるので、注意しなければならない。

問25 人の健康や生活環境に害を与える自動車の排気ガスは、速度や積載の超過とは関係がない。

問26 図4の標識のある交差点では、原動機付自転車は二段階の方法で右折しなければならない。

図4

問27 車両通行帯のない道路では、速度の速い車は、原則として道路の中央寄りの部分を通行しなければならない。

問28 歩道や路側帯のない道路で駐車や停車をするときは、道路の左端に沿わなければならない。

問29 ブレーキレバーやブレーキペダルのあそびが整備されていない車は、速度を落として運転するとよい。

問30 前方の信号機が青信号でも、交通が混雑していて、そのまま進行すると交差点内で止まってしまい、交差道路の通行を妨害するおそれがあるときは、交差点に進入してはならない。

問31 図5の標識は、自転車専用道路であることを表している。

図5

問32 転回や右折をしようとするときは、それらの行為をしようとする約3秒前に、合図をしなければならない。

問22 ✗ 対向車があるときや、交通量の多い市街地などでは、前照灯を下向きに切り替えて運転します。 P66
ポイント 224

問23 ✗ 自分の目だけでなく、耳で警報機や列車の通過音などを聞いて安全を確かめます。 P62
ポイント 213

問24 ○ 車の左側を走行するときは、歩行者の飛び出しやドアの開閉などに十分注意しなければ ここで覚える ☺ なりません。

問25 ✗ 速度超過や過積載は交通公害の原因になるので、運転者はそれらに配慮しなければなりません。 P19
ポイント 023

問26 ○ 図4の標識は「原動機付自転車の右折方法（二段階）」で、原動機付自転車は二段階右折しなければなりません。 P53
ポイント 180

問27 ✗ 速度に関係なく、追い越しなどの場合を除き、道路の左に寄って通行しなければなりません。 P32
ポイント 101

問28 ○ 歩道や路側帯のない道路では、車の左側に余地を残さずに、道路の左端に沿って駐停車します。 P60
ポイント 206

問29 ✗ ブレーキ装置のあそびが整備されていない車は整備不良車となり、運転してはいけません。 P29
ポイント 080

問30 ○ 渋滞などで交差点内で停止するおそれがあるときは、青信号でも交差点に入ってはいけません。 P35
ポイント 110

問31 ✗ 図5は自転車専用道路ではなく、「自転車横断帯」の指示標識です。 ここで覚える ☺

問32 ✗ 転回や右折の合図は、30メートル手前の地点に達したときに行います。約3秒前に合図するのは、進路変更です。 P44
ポイント 148

ココもチェック

手順を覚える！

踏切の通過方法

①止まれ！…踏切の直前（停止線があるときは、その直前）で一時停止する。
②見よ！…左右の安全を確かめる。
③聞け！…列車が接近してこないか音を聞く。

違いをチェック！

駐停車するときの方法

●歩道や路側帯のない道路
道路の左端に沿って止める。

●歩道のある道路
車道の左端に沿って止める。

●1本線の路側帯のある道路
幅が0.75メートル以下では、車道の左端に沿って止める。幅が0.75メートルを超える場合は、中に入って、車の左側を0.75メートル以上あける。

●2本線の路側帯のある道路
車道の左端に沿って止める。

問33 二輪車のブレーキのかけ方には、ブレーキレバーを使う場合、ブレーキペダルを使う場合、エンジンブレーキを使う場合の3種類がある。

問34 図6の標示は、車がこの標示の中に入ってはいけないことを表している。

図6

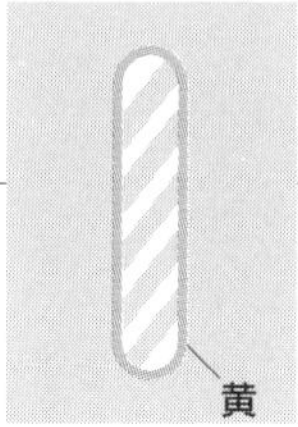

黄

問35 ミニカーは、総排気量50cc以下または定格出力0.60キロワット以下の原動機を有する車をいい、原動機付自転車に含まれる。

問36 標識には本標識と補助標識があり、本標識は規制標識、指示標識、警戒標識の3種類だけである。

問37 交差点以外の横断歩道などのないところで、警察官が両腕を水平に上げる手信号をしているとき、対面する車はその警察官の1メートル手前で停止しなければならない。

問38 二輪車のマフラーは、取り外しても事故の原因にはならないので、取り外して運転してもかまわない。

問39 道路に面した場所に出入りするために歩道を横切る場合は、歩行者がいなければ徐行して通行することができる。

問40 原動機付自転車で道路を転回するときは、図7のような方法をとるのが正しい。

図7

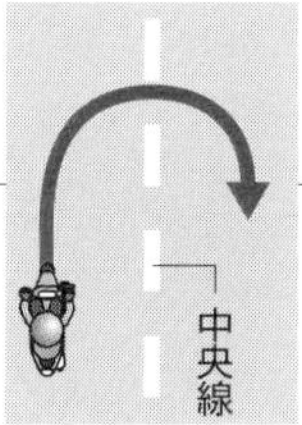

中央線

問41 一方通行の道路で緊急自動車が近づいてきたときは、必ず道路の右側に寄って進路を譲らなければならない。

問42 二輪車でカーブを曲がるときは、ハンドルを切るのではなく、車体を傾けることによって自然に曲がるような要領で行うのがよい。

問43 一般道路で原動機付自転車を運転するとき、最高速度が標識などで指定されていない場合であっても、時速30キロメートルを超えて運転してはならない。

問33 二輪車のブレーキのかけ方には、設問の3種類
があります。

○

P42
ポイント
138

問34 図6の標示は「立入り禁止部分」を表し、車は
この標示の中に入ってはいけません。

○

P27
ポイント
070

問35 ミニカーは総排気量50cc以下の車ですが、
原動機付自転車ではなく普通自動車に
なります。

✕

ここで覚える
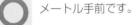

問36 本標識は、規制標識、指示標識、警戒標識のほか、
案内標識を加えた4種類になります。

✕

P24
ポイント
041〜044

問37 設問のような場合の停止位置は、警察官の1
メートル手前です。

○

ここで覚える

問38 マフラーを取り外すと騒音が大きくなり、周囲
に迷惑をかけることになるので、取り
外して運転してはいけません。

✕

P29
ポイント
087

問39 歩行者の有無にかかわらず、歩道の手前で一時
停止し、安全を確認しなければなりま
せん。

✕

P34
ポイント
106

問40 左側に寄るのではなく、あらかじめ道路の中央
に寄ってから転回しなければなりませ
ん。

✕

ここで覚える

問41 左側に寄るとかえって緊急自動車の妨げとなる
ときだけ、道路の右側に寄って進路を
譲ります。

✕

P39
ポイント
125・126

問42 カーブは、車体を傾けて自然に曲がるようにし
ます。ハンドルだけで曲がろうとする
と転倒するおそれがあります。

○

P64
ポイント
219

問43 原動機付自転車の法定最高速度は、リヤカーを
けん引している場合を除き、時速30
キロメートルです。

○

P41
ポイント
133

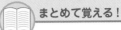

ココも チェック

📖 まとめて覚える！

車が入ってはいけない場所

● 立入り禁止部分
● 安全地帯
＊進路の前方が渋滞している
　場合は、交差点や踏切、横
　断歩道、自転車横断帯、「停
　止禁止部分」の標示内に
　入ってはいけない。

黄　　　　　黄

立入り禁止部分　安全地帯

📐 違いをチェック！

歩道や路側帯の通行

【原則】 車は、歩道や路側帯
を通行してはいけない。
【例外】 道路に面した場所に
出入りするために横切るとき
は通行できる。この場合、歩
行者の有無にかかわらず、そ
の直前で一時停止しなければ
ならない。

問44 補助標識は本標識の意味を補足するもので、すべて本標識の下に取り付けられる。

□ □

問45 横断歩道を歩行者が横断していたが、車を見て立ち止まったので、そのまま通過した。

□ □

問46 夜間走行中、対向車のライトがまぶしい場合は、ライトを直視し、目を光に慣れさせることが大切である。

□ □

問47 時速30キロメートルで進行しています。カーブの中に障害物があるときは、どのようなことに注意して運転しますか？

(1)前方のカーブは見通しが悪く、対向車がいつ来るかわからないので、カーブの入口付近で警音器を鳴らし、自車の存在を知らせてから注意して進行する。

□ □

(2)カーブの向こう側から対向車が自分の進路の前に出てくることがあるので、できるだけ左に寄って注意しながら進行する。

□ □

(3)カーブ内は対向車と行き違うのに十分な幅がないので、対向車が来ないうちに通過する。

□ □

問48 時速30キロメートルで進行しています。この場合、どのようなことに注意して運転しますか？

(1)左側の歩行者は、車に気づかずバスに乗るため急に横断するかもしれないので、後ろの車に追突されないようにブレーキを数回かけ、すぐに止まれるよう速度を落として進行する。

□ □

(2)左側の歩行者のそばを通るときは、水をはねないように速度を落として進行する。

□ □

(3)バスのかげから歩行者が飛び出してくるかもしれないので、速度を落として走行する。

□ □

問44 「終わり」の標識のように、本標識の上に取り付けられる補助標識もあります。

ここで覚える

問45 歩行者が横断歩道を横断しているときは、一時停止して、歩行者の横断を妨げないようにします。

P37
ポイント 114

問46 ライトを直視せずに、視線をやや左前方に向け、目がくらまないようにします。

P66
ポイント 225

問47

対向車が見えないこと、工事中に注目！

カーブの向こう側から対向車が接近してきているかもしれません。また、前方が工事中であるため、右側を通行してくるおそれもあります。

(1) 警音器を鳴らし、対向車に自車の存在を知らせます。
〇

(2) 対向車が来るおそれがあるので、左に寄って進行します。
〇

(3) 対向車が来て、衝突するおそれがあります。
✕

問48

水たまりと歩行者の行動に注目！

水をはねて歩行者に迷惑をかけてはいけません。また、歩行者が道路を横断するかもしれないので注意が必要です。

(1) 後続車への追突防止策として、ブレーキを数回に分けてかけ、速度を落とします。
〇

(2) 歩行者に水をはねないよう、速度を落として進行します。
〇

(3) バスのかげから歩行者が飛び出してくるおそれがあります。
〇

123

模擬テスト 第6回

それぞれの問題について、正しいものには「○」、誤っているものには「×」で答えなさい。配点は、問1〜46が各1点、問47・48が各2点（3問とも正解の場合）。

制限時間 30分　合格点 45点以上

問1　交差点内を通行しているとき、緊急自動車が近づいてきたので、ただちに交差点の中で停止した。

問2　信号機の黄色の矢印信号に対面した原動機付自転車は、停止位置から先に進むことができない。

問3　交差点の手前30メートル以内の優先道路を通行しているとき、安全に前車を追い越せる状況であれば、前車を追い越すことができる。

問4　上り坂の頂上付近では、「徐行」の標識がなくても、つねに徐行しなければならない。

問5　図1の標識は、この先にゆるやかな上り坂があることを表している。

図1
10%
黄

問6　交通整理が行われていない道幅が同じような交差点に、左右から同時に車がさしかかったときは、左方車が右方車に優先する。

問7　運転免許証を紛失したまま運転していると、無免許運転として処罰される。

問8　車がカーブを曲がるとき、車が外側に飛び出そうとするのは、車の重心が移動するからである。

問9　約束の時間に遅れそうだったので、速度を上げ、車の間をぬって走行した。

問10　子どもが急に飛び出してきたので、これを避けるために急ブレーキをかけた。

を当てながら解いていこう。間違えたら　ポイント　を再チェック！

問1 ✕ 交差点内に停止するのではなく、交差点を避け、道路の左側に寄って一時停止しなければなりません。　P39　ポイント125

問2 ◯ 黄色の矢印信号は路面電車専用の信号なので、原動機付自転車は進むことができません。　P21　ポイント028

問3 ◯ 交差点の手前30メートル以内の部分でも、優先道路を通行しているときは、追い越しをすることができます。　P49　ポイント165

問4 ◯ 上り坂の頂上付近は徐行場所に指定されています。標識がなくても、徐行しなければなりません。　P43　ポイント145

問5 ✕ 図1は「上り急こう配あり」を表す警戒標識です。こう配率がおおむね10パーセント以上の傾斜の坂をいいます。　ここで覚える

問6 ◯ 交通整理が行われていない道幅が同じような交差点では、右方の車は左方から来る車の進行を妨げてはいけません。　P54　ポイント184

問7 ✕ 免許証を紛失したまま運転すると「免許証不携帯」違反になりますが、無免許運転にはなりません。　P23　ポイント039

問8 ✕ 車がカーブの外側に飛び出そうとするのは、曲がろうとする外側に遠心力が働くからです。　P19　ポイント020

問9 ✕ たとえ急いでいても、車の間をぬって走ったり、ジグザグ運転をしてはいけません。　P51　ポイント172

問10 ◯ 危険を防止するためやむを得ないときは、急ブレーキをかけて回避します。　ここで覚える

違いをチェック！

緊急自動車への譲り方

①交差点とその付近の場所
- 交差点を避け、道路の左側に寄って一時停止する。
- 一方通行路で、左側によるとかえって妨げになる場合は、道路の右側に寄って一時停止する。

②交差点付近以外の場所
- 道路の左側に寄って進路を譲る。
- 一方通行路で、左側に寄るとかえって妨げになる場合は、道路の右側に寄って進路を譲る。

違いをチェック！

交通整理が行われていない交差点の通行方法

①交差する道路が優先道路のときや、交差する道路の道幅が広いとき
➡徐行して交差する道路の車の進行を妨げない。

②交差する道路の道幅が同じとき
➡左方から来る車の進行を妨げない。

③交差する道路の道幅が同じで路面電車が進行しているとき
➡路面電車の進行を妨げない。

原付免許　本試験模擬テスト　第6回

問11 進路の正面に障害物があったが、対向車より先に障害物のある場所に到達したので、急いで通過した。

□ □

問12 図2の路側帯は、車の駐停車が禁止されているが、幅が広ければ軽車両と原動機付自転車は通行することができる。

図2

□ □

問13 歩道や路側帯のない場所で、道路外の施設に入るため左折しようとするときは、あらかじめ道路の左端に寄って徐行しなければならない。

車道

□ □

問14 軽い交通事故を起こしたが、急用があったので、被害者に名前と住所を告げて、用事を済ますために運転を続けた。

□ □

問15 踏切を通過するとき、歩行者や対向車に注意しながら、落輪しないように踏切のやや中央寄りを注意して通行した。

□ □

問16 空走距離は路面の状態には関係ないが、制動距離は路面とタイヤとの摩擦に大きな関係がある。

□ □

問17 「車両横断禁止」の標識があったが、道路の左側にある車庫へ入るため左側に横断した。

□ □

問18 下り坂のカーブに、図3の標示があるときは、対向車に注意しながら道路の右側部分にはみ出すことができる。

図3

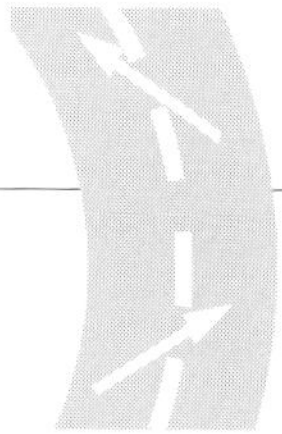

□ □

問19 交通整理の行われていない交差点で、交差する道路が優先道路だったので、徐行して交差道路の交通に注意して通行した。

□ □

問20 車が連続して進行している場合、前車が交差点や踏切などで停止や徐行している前に割り込むようなことをしてはいけない。

□ □

問21 二輪車のブレーキをかけるときは、ハンドルを切らない状態で車体が傾いていないときに、前後輪ブレーキを同時にかけるのがよい。

□ □

126

問11 進路の正面に障害物がある場合は、あらかじめ一時停止か減速をして、反対方向の車に道を譲ります。
P65
ポイント 221
✕

問12 図2の標示は「駐停車禁止路側帯」です。自転車などの軽車両は通行できますが、原動機付自転車は通行できません。
P61
ポイント 209
✕

問13 左折しようとするときは、あらかじめ道路の左端に寄って、徐行しなければなりません。
ここで覚える
○

問14 交通事故を起こしたときは、負傷者のあるなしにかかわらず、警察官に報告しなければばなりません。
P69
ポイント 234
✕

問15 踏切の左端に寄って通行すると落輪するおそれがあるので、歩行者などに注意して、やや中央寄りを通行します。
P63
ポイント 216
○

問16 路面の状態が悪かったり、タイヤがすり減ったりしていると、制動距離は長くなります。
P41
ポイント 137
○

問17 「車両横断禁止」の標識は、右折を伴う横断を禁止しています。
P25
ポイント 048
○

問18 図3は「右側通行」を表し、対向車に注意しながら右側部分にはみ出して通行することができます。
P33
ポイント 103
○

問19 交差道路が優先道路の場合は、徐行するとともに、優先道路を通行する車の進行を妨げてはいけません。
P54
ポイント 182
○

問20 前車の前方に割り込む行為は、してはいけません。
ここで覚える
○

問21 二輪車のブレーキは、車体が直立した状態にあるときに、前後輪ブレーキを同時にかけるのが基本です。
P42
ポイント 140
○

ココも チェック

違いをチェック！

2本線の路側帯の意味

●破線＋実線（駐停車禁止路側帯）

車の駐停車が禁止されている。この路側帯のある道路では、中に入らず、車道の左端に沿って止める。

●実線2本（歩行者用路側帯）

車の通行が禁止されている。駐停車するときは、中に入らず、車道の左端に沿う。

意味を確認！

「車両横断禁止」の標識の意味

●道路外の施設や場所に出入りするための、右折を伴う横断はできない。

●道路外の施設や場所に出入りするための、左折を伴う横断はできる。

原付免許 本試験模擬テスト 第6回

127

問22 踏切とその手前 30 メートル以内の場所では、前の車を追い越すために、進路を変えたり、その横を通り過ぎたりしてはいけない。

☐ ☐

問23 原動機付自転車の二段階右折が指定されている交差点でも、青信号が表示されて他の車の進行を妨げなければ、原動機付自転車は交差点の中心の直近の内側を右折することができる。

☐ ☐

問24 図4のマークは、聴覚に障害がある人が運転していることを表す「聴覚障害者マーク」である。

図4

☐ ☐

問25 原動機付自転車で走行中、黄色のつえを持っている歩行者がいるときは、必ず警音器を鳴らさなければならない。

☐ ☐

問26 合図は、その行為が終わるまで続け、またその行為が終わったらただちにやめなければならない。

☐ ☐

問27 日常点検は、主としてエンジンの調子やタイヤの空気圧の点検だけをすればよい。

☐ ☐

問28 同一方向に2つの車両通行帯がある道路では、高速車は中央寄りの通行帯を、低速車は左側寄りの通行帯を通行する。

☐ ☐

問29 原動機付自転車を長時間運転するときは、とくに時間を決めて休息をとる必要はなく、疲れたと感じるまで一気に走行したほうがよい。

☐ ☐

問30 図5の標示のある場所では、駐車も停車もしてはいけない。

図5

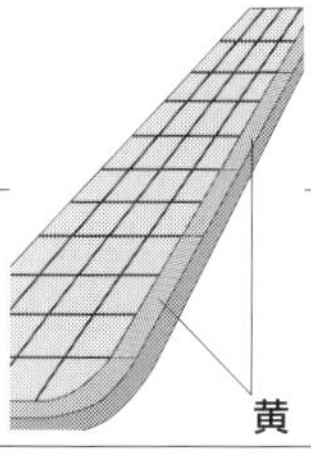

☐ ☐

問31 踏切を通過するときは、ローギアで発進し、急いで渡るため踏切内で変速チェンジをして加速する。

黄

☐ ☐

問32 エンジンブレーキの効果は、低速ギアより高速ギアのほうが大きい。

☐ ☐

128

ココもチェック

問22 踏切とその手前 30 メートル以内の場所では、追い越しをしてはいけません。
P49
ポイント 166

問23 ✗ 二段階右折が指定されている交差点では、原動機付自転車は二段階の方法で右折しなければなりません。
P53
ポイント 180

問24 ✗ 図4は、身体が不自由である人が運転していることを表す「身体障害者マーク（標識）」です。
P38
ポイント 122

問25 ✗ 警音器は鳴らさずに、一時停止か徐行をして、黄色のつえを持っている歩行者の通行を妨げないようにします。
P38
ポイント 117

問26 進路変更などが終わっても合図を続けていると、他の車などの迷惑になります。
P44
ポイント 151

問27 ✗ エンジンやタイヤ以外に、灯火類の点灯具合や、ブレーキの効き具合なども点検します。
P29
ポイント 079~087

問28 ✗ 高速車、低速車の決まりはなく、追い越しなどの場合を除き、左側の通行帯を通行します。
P32
ポイント 102

問29 ✗ 長時間にわたって運転するときは、2時間に1回は休息をとり、疲労を回復させてから運転します。
P17
ポイント 014

問30 ✗ 図5は「駐車禁止」を表す標示です。駐停車禁止を表す標示は、縁石に黄色の実線が引かれています。
P57
ポイント 190

問31 ✗ 踏切を通過するときは、エンスト防止のため、低速ギアのまま変速チェンジしないで一気に通過します。
P62
ポイント 213

問32 ✗ エンジンブレーキの効果は、低速ギアほどより大きくなります。
P42
ポイント 139

 まとめて覚える！

原動機付自転車が二段階右折しなければならない交差点

- 交通整理が行われていて、車両通行帯が3つ以上ある道路の交差点。
- 「原動機付自転車の右折方法（二段階）」の標識がある道路の交差点。

 違いをチェック！

原動機付自転車の通行位置

- **片側1車線の道路（車両通行帯のない道路）**
  ➡ 道路の左側に寄って通行する。

- **片側2車線以上の道路（車両通行帯のある道路）**
  ➡ 原動機付自転車は速度が遅いので、いちばん左側の車両通行帯を通行する。

129

問33 飲み物を買いに行く程度の短時間の車の停止であれば、エンジンを止める必要はない。

□□

問34 運転者は、荷物が転落（てんらく）しないようにロープなどを使って確実に積載（せきさい）しなければらない義務がある。

□□

問35 二輪車は車幅が狭く機動性も高いので、前車が自動車の追い越しを始めた場合でも、その車を追い越してもよい。

□□

問36 図6の標識のある道路では、歩行者以外のすべての交通の通行が禁止されている。

図6

□□

問37 交差点を二段階の方法で右折する原動機付自転車は、交差点を直進するので、右折の合図を行ってはならない。

□□

問38 道路工事などで左側部分が通行できない場合は、道路の右側部分にはみ出して通行することができる。

□□

問39 図7の標識のある場所では、道路の右側部分にはみ出さなければ、追い越しをしてもよい。

図7

□□

問40 「学校、幼稚園、保育所などあり」の標識がある場所では、子どもの飛び出しなどに注意して、徐行（じょこう）しなければならない。

□□

問41 原動機付自転車は車体が小さいので、道路に平行して駐停車している車と並んで駐停車しても違反ではない。

□□

問42 雨の降り始めはとくに路面が滑（すべ）りやすくなっているので、急ブレーキをかけるのはとくに危険である。

□□

問43 信号機のない交差点で狭い道から広い道に入ろうとするときでも、右方から接近してくる車には進路を譲（ゆず）らなくてもよい。

□□

問33 ✕ 車から離れるときは、時間に関係なく、エンジンを止め、危険防止の措置をとらなければなりません。 《ここで覚える》

問34 ◯ 荷物が転落しないように積載するのも、運転者の義務です。ロープなどを使って確実に荷物を固定しましょう。 P28 ポイント 078

問35 ✕ 前車が自動車を追い越そうとしているときに前車を追い越す行為は、二重追い越しとして禁止されています。 P50 ポイント 168

問36 ✕ 図6の標識は「歩行者通行止め」を表し、歩行者に限って通行が禁止されています。 《ここで覚える》

問37 ✕ 二段階右折する場合も、交差点（手前の側端）から30メートル手前の地点で右折の合図を行わなければなりません。 P53 ポイント 179

問38 ◯ 左側部分が通行できないようなときは、右側部分にはみ出して通行することができます。 P33 ポイント 103

問39 ◯ 図7は「追越しのための右側部分はみ出し通行禁止」の標識です。はみ出さない追い越しは禁止されていません。 P25 ポイント 049

問40 ✕ 子どもの飛び出しに注意しなければなりませんが、徐行場所には指定されていません。 P26 ポイント 061

問41 ✕ 原動機付自転車でも、道路に平行して駐停車している車と並んで駐停車してはいけません。 《ここで覚える》

問42 ◯ 雨の降り始めは、とくに路面が滑りやすくなるので、急加速や急ブレーキはしないようにします。 《ここで覚える》

問43 ✕ 右方、左方にかかわらず、狭い道路の車は広い道路を通行する車の進行を妨げてはいけません。 P54 ポイント 183

ココも チェック

 まとめて覚える！

荷物を積むときに注意すること

- 方向指示器やブレーキランプなどが見えなくなるようなのせ方をしない。
- 運転の妨げになったり、車の安定が悪くなるようなのせ方をしない。
- 荷物が転落しないように、ロープなどを使って確実に固定する。

 違いをチェック！

「追い越し」に関する2つの標識の違い

車は、道路の右側部分にはみ出して追い越しをしてはいけない（はみ出さなければ追い越しをしてもよい）。

追越し禁止

車は、追い越しをしてはいけない（はみ出す、はみ出さないに関係なく、追い越しをしてはいけない）。

原付免許 本試験模擬テスト 第6回

問44 車は原則として、軌道敷内を通行してはいけないが、追い越しをするときは通行することができる。

□ □

問45 原動機付自転車は、図8の標識のある道路を通行することができない。

□ □

図8

問46 道路の曲がり角付近は徐行場所に指定されているので、走行中の速度を半分に落とした。

□ □

問47 時速30キロメートルで進行しています。この場合、どのようなことに注意して運転しますか？

□ □ (1)右の路地の子どもは、急に車道に飛び出してくると思われるので、このままの速度で車道の左側端に寄って進行する。

□ □ (2)左側の子どもたちは、歩道上で遊んでいるため、急に車の前に出てくることはないので、このまま進行する。

□ □ (3)子どもたちは、予測できない行動をとることがあるので、警音器を鳴らしてこのままの速度で進行する。

問48 時速30キロメートルで進行しています。この場合、どのようなことに注意して運転しますか？

□ □ (1)左前方には自転車がいて、対向車もあるので、両方と同時にすれ違うことのないよう減速する。

□ □ (2)駐車している車のかげから歩行者が飛び出してくるかもしれないので、速度を落として進行する。

□ □ (3)駐車している車のドアが急に開くかもしれないので、速度を落として進行する。

問44 追い越しのために軌道敷内を通行してはいけません。通行できるのは、右折する場合などです。 P35 ポイント 109

問45 図8の標識は路線バス等の「専用通行帯」ですが、原動機付自転車、小型特殊自動車、軽車両は通行できます。 P40 ポイント 129

問46 走行中の速度を半分に落としても徐行したことになりません。すぐ止まれる速度に落として進みます。 P43 ポイント 141

問47

道路で遊ぶ子どもたちの行動に注目！

子どもは遊びに夢中になり、自車の接近に気づかないおそれがあります。速度を落とし、子どもたちの動きに注意しましょう。

(1) ✕ 速度を落とさないと、左側の子どもが車道に出てきたとき、衝突するおそれがあります。

(2) ✕ 左側の子どもたちが、車道に出てくるおそれがあります。

(3) ✕ 警音器は鳴らさず、速度を落として進行します。

問48

自転車の動きと駐車車両に注目！

対向車が来ているので、自転車とすれ違うのは危険です。また、駐車車両のドアが急に開くことも考えましょう。

(1) ○ 速度を落として、すれ違うタイミングを調節します。

(2) ○ 速度を落とし、歩行者の飛び出しに備えます。

(3) ○ 速度を落とし、車のドアに注意して進みます。

それぞれの問題について、正しいものには「○」、誤っているものには「×」で答えなさい。配点は、問1〜46が各1点、問47・48が各2点（3問とも正解の場合）。

制限時間 **30分**

合格点 **45点以上**

問1 前車を追い越そうとしたところ、前車がそれに気づかず右に進路を変えようとしたので、危険を感じて警音器を鳴らした。

□ □

問2 運転者が疲れているときの空走距離は、正常なときに比べて長くなる。

□ □

問3 一方通行の道路で緊急自動車が接近してきたときでも、必ず道路の左側に寄って進路を譲らなければならない。

□ □

問4 警察官が図1のように灯火を横に振っているとき、灯火が振られている方向の交通は、信号機の赤色の灯火信号と同じ意味である。

図1

□ □

問5 昼間であっても、トンネルの中など50メートル先が見えないような場所を通行するときは、前照灯や尾灯などをつけなければならない。

□ □

問6 こう配の急な下り坂を通行するときは、徐行しなければならない。

□ □

問7 交通事故を起こしたときは、その程度にかかわらず、警察官に届けなければならない。

□ □

問8 原動機付自転車の荷台に積める重量は30キログラムまでだが、リヤカーをけん引している場合は、120キログラムまで荷物を積むことができる。

□ □

問9 前方に図2の標示のある場所で、前方の道路が渋滞していて、この標示内に停止するおそれがあるときは、車は進行してはならない。

図2

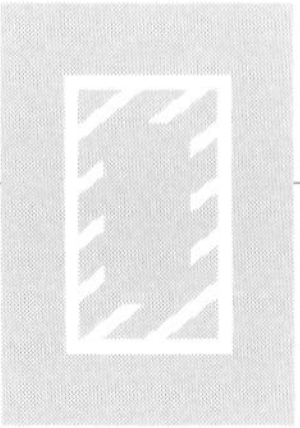

□ □

問10 信号機の信号が赤色の灯火の点滅を表示しているとき、車は一時停止か徐行をしなければならない。

□ □

問1 ○ 危険を防止するためやむを得ないときは、警音器を鳴らすことができます。　P45　ポイント154

問2 ○ 疲れると危険を認知して判断するまでに時間がかかるので、空走距離は長くなります。　P41　ポイント137

問3 ✕ 左側に寄るとかえって緊急自動車の妨げとなるときは、右側に寄って進路を譲ります。　P39　ポイント125・126

問4 ✕ 灯火の振られている（身体の正面に平行する）方向の交通は、青色の灯火信号と同じ意味です。　P22　ポイント034

問5 ○ 設問のような場所は暗くて危険なので、昼間でも前照灯や尾灯などをつけなければなりません。　P66　ポイント223

問6 ○ こう配の急な下り坂は、徐行場所に指定されています。　P43　ポイント146

問7 ○ 交通事故を起こしたときは、どんな場合も警察官に届け出なければなりません。　P69　ポイント234

問8 ○ 原動機付自転車の荷台には30キログラムまで、リヤカーには120キログラムまで荷物を積めます。　P28　ポイント075・076

問9 ○ 図2は「停止禁止部分」の標示です。標示内に停止するおそれがあるときは、進行してはいけません。　P35　ポイント110

問10 ✕ 赤色の灯火の点滅信号では、一時停止か徐行ではなく、必ず一時停止しなければなりません。　P21　ポイント029

まとめて覚える！

警音器を鳴らすとき
① 危険を防止するため、やむを得ないとき。
②「警笛鳴らせ」の標識があるとき。
③「警笛区間」の標識がある区間内で、見通しの悪い次の場所を通行するとき。
● 交差点
● 道路の曲がり角
● 上り坂の頂上

まとめて覚える！

徐行すべき場所
①「徐行」の標識があるところ。
② 左右の見通しがきかない交差点（信号機がある場合や優先道路を通行している場合を除く）。
③ 道路の曲がり角付近。
④ 上り坂の頂上付近。
⑤ こう配の急な下り坂。

原付免許　本試験模擬テスト　第7回

問11 追い越しとは、車が進路を変えて、進行中の前車の前方に出ることをいう。

□ □

問12 原動機付自転車は、図3の標識のある道路を通行することができる。

図3

□ □

問13 停留所で止まっている路面電車に乗り降りする人がいる場合であっても、安全地帯があるときは、徐行して通過してよい。

□ □

問14 車両通行帯のない道路では、中央線から左側であればどの部分を通行してもよい。

□ □

問15 運転中は、排出ガスや騒音、振動をできるだけ少なくするように、不必要な急発進、急ブレーキ、から吹かしを避けるべきである。

□ □

問16 前方の信号が青色の灯火のときは、どんな交差点であっても、自動車、原動機付自転車はともに、直進、左折、右折することができる。

□ □

問17 信号機がある踏切で青色の灯火を表示していても、車は踏切の直前で一時停止しなければならない。

□ □

問18 上り坂の頂上付近やこう配の急な下り坂は駐停車禁止場所だが、こう配の急な上り坂は駐停車禁止場所に指定されていない。

□ □

問19 走行中、大地震が発生したので、急ブレーキをかけてその場に停止し、すぐに車から離れた。

□ □

問20 運転中は、目を広く見渡すように動かすと注意力が散漫になるので、できるだけ一点を見つめて運転したほうがよい。

□ □

問21 二輪車でカーブを曲がるとき、車体を傾けると転倒したり横滑りしたりしやすいので、できるだけ車体を傾けずにハンドルだけを切って曲がるほうが安全である。

□ □

問11 ⭕ 追い越しは、進路を<u>変えて</u>進行中の前車の前方に出ることをいいます。進路を<u>変えない</u>場合は追い抜きになります。
P46 ポイント155

問12 ❌ 図3は「<u>車両通行止め</u>」の標識です。車（<u>自動車、原動機付自転車、軽車両</u>）は通行できません。
P25 ポイント045

問13 ⭕ 路面電車に乗り降りする人がいても、<u>安全地帯</u>があれば、<u>徐行</u>して進むことができます。
P36 ポイント113

問14 ❌ 車両通行帯のない道路では、<u>右折する</u>場合などを除き、道路の<u>左側</u>に寄って通行しなければなりません。
ここで覚える

問15 ⭕ 運転中は、人の迷惑になる<u>交通公害</u>を少なくするように努めなければなりません。
P19 ポイント023

問16 ❌ 原動機付自転車は、<u>二段階</u>の方法で右折しなければならない交差点では、青色の灯火信号でも<u>右折</u>できません。
P20 ポイント024

問17 ❌ 踏切に信号機があり、<u>青色の灯火</u>を表示している場合は、<u>左右の安全</u>を確かめれば、<u>一時停止</u>の必要はありません。
P63 ポイント215

問18 ❌ こう配の急な坂は、<u>上りも下りも</u>駐停車禁止の場所です。<u>追い越し禁止</u>場所と間違えないようにしましょう。
P58 ポイント198

問19 ❌ 急ブレーキや急ハンドルは<u>避け</u>、できるだけ安全な方法で停止して、車を<u>道路外</u>に移動します。
P70 ポイント237~240

問20 ❌ 一点を見つめて運転するのは<u>危険</u>です。必要に応じて<u>広く</u>目を配り、多くの情報をとらえます。
P30 ポイント088

問21 ❌ ハンドル操作だけで曲がろうとすると<u>転倒</u>するおそれがあります。車体を傾けて<u>自然</u>に曲がる要領で行います。
P64 ポイント219

ココもチェック

🖊 種類を確認！

原動機付自転車は通行できる？

① 「二輪の自動車以外の自動車通行止め」

➡通行できる。

② 「二輪の自動車・原動機付自転車通行止め」

➡通行できない。

③ 「大型自動二輪車および普通自動二輪車二人乗り通行禁止」

➡通行できる。

④ 「自動車専用」

➡通行できない。

問22 「警笛区間」の標識のある区間内にある交差点を通行するときは、どんな場合も警音器を鳴らさなければならない。

問23 走行中の車を短い距離で停止させるには、ブレーキを強くかけて、タイヤの回転を止めるとよい。

問24 図4の標識のある道路は、二輪の自動車は通行できないが、原動機付自転車は通行することができる。

図4

問25 原動機付自転車で踏切を通過するときは、対向車に注意して、できるだけ左端を通行するのがよい。

問26 前車が右折などのため、右側に進路を変えようとしているときは、追い越しをしてはならない。

問27 止まっている通学・通園バスのそばを通るとき、保護者が児童に付き添っていたので、徐行しないでその側方を通過した。

問28 道路工事区域の端から5メートル以内では、駐車は禁止されているが、停車は禁止されていない。

問29 図5の標識は、一方通行の出口に設けられ、車はこの道路へ進入してはいけないことを表している。

図5

問30 原動機付自転車の前輪ブレーキは、少しあまいほうがよい。

問31 二輪車の乗車姿勢は、両ひざでタンクを軽く挟み、肩の力を抜いてひじをわずかに曲げた状態でハンドルのグリップを軽く持ち、背すじを伸ばすようにする。

問32 幅が0.75メートルを超える白線1本の路側帯のある場所で駐停車するときは、路側帯の中に入り、車の左側に0.75メートル以上の余地を残す。

問22 「警笛区間」の標識のある区間内の交差点で警音器を鳴らすのは、見通しのきかない交差点を通行するときです。 P45 ポイント 153

問23 ブレーキを一度に強くかけると、タイヤがロックされて危険です。ブレーキは、数回に分けて断続的にかけます。 P42 ポイント 140

問24 図4は「二輪の自動車・原動機付自転車通行止め」の標識で、自動二輪車と原動機付自転車は通行できません。 P25 ポイント 047

問25 左端に寄ると落輪のおそれがあります。歩行者や対向車に注意しながら、踏切のやや中央寄りを通るようにします。 P63 ポイント 216

問26 設問のようなときは、危険なので追い越しは禁止されています。 P50 ポイント 169

問27 保護者が児童に付き添っていても、停止中の通学・通園バスのそばを通るときは、徐行しなければなりません。 P38 ポイント 118

問28 道路工事区域の端から5メートル以内は駐車禁止場所ですが、停車をすることはできます。 P57 ポイント 193

問29 図5は、一方通行の出口に設けられる「車両進入禁止」の標識です。車はこの標識のある道路に進入できません。 ここで覚える

問30 原動機付自転車のブレーキは、前後輪とも正しく調整しておかなければなりません。 P29 ポイント 080

問31 設問のような正しい乗車姿勢で運転することが大切です。 P30 ポイント 088~095

問32 設問のような路側帯は中に入って駐停車します。2本線の路側帯は、車道の左端に沿って駐停車します。 P60 ポイント 208

ココもチェック

手順を覚える！

正しいブレーキのかけ方

①ハンドルを切らない状態で車体を垂直に保つ。
②アクセルグリップを戻し、エンジンブレーキを使用する。
③前後輪ブレーキを同時に使用する。
④ブレーキを数回に分けて使用する（スリップ防止、後続車の追突防止）。

まとめて覚える！

5メートル以内の駐車禁止場所

●道路工事の区域の端から5メートル以内の場所。
●消防用機械器具の置場、消防用防火水槽、これらの道路に接する出入口から5メートル以内の場所。
●消火栓、指定消防水利の標識が設けられている位置や、消防用防火水槽の取入口から5メートル以内の場所。

本試験模擬テスト 原付免許 第7回

139

問33 夜間は、昼間より交通量も少ないので、速度を上げて走行しても危険ではない。

□ □

問34 運転免許は、第一種免許、第二種免許、仮免許の3つに区分されている。

□ □

問35 図6のような場合、Bの原動機付自転車が先に交差点に入っているときは、Aの自動車よりも先に右折してもよい。

□ □

図6

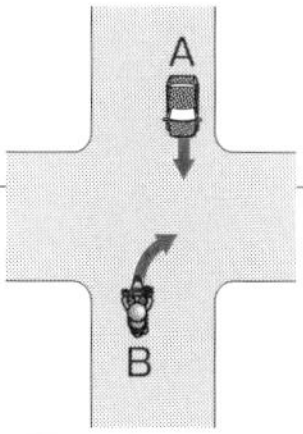

A

B

問36 交通巡視員の指示が信号機の信号と異なる場合で、交通が混雑しているときは、信号機の信号に従わなければならない。

□ □

問37 強い横風のときは、ハンドルをとられたり、ふらついたりするので、速度を落として走行する。

□ □

問38 追い越しが終わっても、すぐに追い越した車の前に入ってはならない。

□ □

問39 タイヤの日常点検は、空気圧が不足していないか、亀裂や損傷はないか、くぎや石が刺さっていないか、異常な磨耗はないか、溝の深さは十分かについて行う。

□ □

問40 交通整理の行われている片側3車線以上の交差点では、原動機付自転車は、標識などによる指定がなければ、二段階の方法で右折しなければならない。

□ □

問41 図7の路側帯は、軽車両は通行することができるが、車が中に入って駐停車することは禁止されている。

□ □

図7

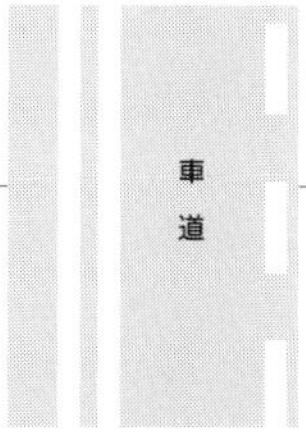

車道

問42 トンネルの中を走行するときは、危険を避けるため、右の方向指示器を操作する。

□ □

問43 狭い道路を通行する場合に、歩行者との間に安全な間隔がとれないときは、徐行しなければならない。

□ □

問33 夜間は見通しが悪いので、歩行者や自転車の発見が遅れます。昼間より速度を落として慎重に走行しましょう。 ✕

ここで覚える

問34 運転免許は、設問の3つに区分されています。第一種免許は、自動車や原動機付自転車を運転するときの免許です。 ◯

P23
ポイント 037

問35 たとえ先に交差点に入っていても、直進車や左折車の進行を妨げてはいけません。 ✕

P55
ポイント 186

問36 交通巡視員と信号機の信号が異なる場合は、交通の状況に関係なく、交通巡視員の指示に従います。 ✕

P22
ポイント 036

問37 強い横風の日は、速度を落とし、ハンドルをしっかり握って運転します。 ◯

ここで覚える

問38 追い越しが終わったときは、安全な距離が保てるまでそのまま進み、進路を緩やかに変えます。 ◯

P47
ポイント 158

問39 タイヤについての日常点検は、設問のような項目をチェックします。 ◯

P29
ポイント 082

問40 交通整理の行われている片側3車線以上の交差点では、原動機付自転車は二段階右折しなければなりません。 ◯

P53
ポイント 180

問41 図7は「歩行者用路側帯」で、車（軽車両も含む）の通行と駐停車が禁止されています。 ✕

ここで覚える

問42 進路変更などをしないのに右の方向指示器を操作してはいけません。設問の場合は、前照灯や尾灯をつけます。 ✕

P44
ポイント 151

問43 歩行者との間に安全な間隔をあけられない場合は、徐行しなければなりません。 ◯

P36
ポイント 111

ココもチェック

　種類を確認！

第一種運転免許の種類

①大型免許
②中型免許
③準中型免許
④普通免許
⑤大型特殊免許
⑥大型二輪免許
⑦普通二輪免許
⑧小型特殊免許
⑨原付免許
⑩けん引免許

　まとめて覚える！

おもな日常点検の項目

● ブレーキ…あそびや効きは十分か。
● 車輪…ガタやゆがみはないか。
● チェーン…緩んだり張りすぎたりしていないか（スクータータイプを除く）。
● ハンドル…ガタつきはないか、重くないか、ワイヤーが引っかかっていないか。
● 灯火類…ライトや方向指示器は正常につくか。
● バックミラー…後方がよく見えるか。
● マフラー…完全に取り付けられているか、破損していないか。

原付免許　本試験模擬テスト　第7回

141

問44 進路変更禁止の標示があっても、交通量が少ないときは、進路変更してもかまわない。

問45 道幅が同じような道路の交差点で信号機がないときは、先に交差点に入った車が優先する。

問46 カーブの半径が大きいほど、遠心力も大きくなる。

問47 交差点で右折待ちのため止まっていたら、対向車がライトを点滅させました。どのようなことに注意して運転しますか？

(1)トラックは前方が渋滞しているため、進路を譲ってくれたので、待たせないようにすばやく右折する。

(2)トラックのかげから二輪車が直進してくるかもしれないので、その様子を見ながら徐行して右折する。

(3)右折方向の横断歩道の様子がよく見えないので、交差点の中央付近まで進み、横断歩道全体の様子も確認して右折する。

問48 前方が渋滞しています。この場合、どのようなことに注意して運転しますか？

(1)自車のほうが優先道路で、左側の車は一時停止すると思われるので、交差点の中で停止する。

(2)後続車があるので、そのまま交差点に入って停止する。

(3)左側の車の進路の妨げにならないように、交差点の手前で停止する。

問44 進路変更禁止の標示がある道路では、他の交通の有無に関係なく、進路変更してはいけません。 **X**

P51 ポイント **173**

問45 信号機のない道幅が同じような道路の交差点では、右方の車は左方の車の進行を妨げてはいけません。 **X**

P54 ポイント **184**

問46 遠心力は、カーブの半径が小さいほど大きくなります。また、速度の二乗に比例して大きくなります。 **X**

P19 ポイント **020**

問47

トラックのかげと歩行者に注目！

ライトの点滅は、自車に進路を譲るサインと考えられますが、安易に右折するのは危険です。安全を確認してから右折しましょう。

(1) **X** トラックのかげから二輪車が出てくるおそれがあります。

(2) **O** 二輪車の存在に注意し、徐行して右折します。

(3) **O** 歩行者の横断に対しても、注意を払います。

問48

前方の渋滞と左側の車に注目！

渋滞しているので、交差点で停止してしまうおそれがあります。交差点内を避け、他車の交通を妨げないようにしましょう。

(1) **X** 交差点内で停止すると、左側の車の進路の妨げになります。

(2) **X** 後続車があっても、交差点内で停止してはいけません。

(3) **O** 交差点の手前で停止し、左側の車の進行を妨げないようにします。

本書に関する正誤等の最新情報は、下記のアドレスで確認することができます。

http://www.seibidoshuppan.co.jp/info/menkyo-1gg2205

上記 URL に記載されていない箇所で正誤についてお気づきの場合は、書名・発行日・質問事項・ページ数・氏名・郵便番号・住所・FAX 番号を明記の上、**郵送または FAX で成美堂出版**までお問い合わせください。

※**電話でのお問い合わせはお受けできません。**

※本書の正誤に関するご質問以外にはお答えできません。また受験指導などは行っておりません。

※ご質問の到着確認後、10 日前後で回答を普通郵便または FAX で発送いたします。

●**著者**

長 信一（ちょう　しんいち）

1962 年、東京都生まれ。1983 年、都内の自動車教習所に入所。1986 年、運転免許証の全種類を完全取得。指導員として多数の合格者を送り出すかたわら、所長代理を歴任。現在、「自動車運転免許研究所」の所長として、書籍や雑誌の執筆を中心に活躍中。『1回で受かる！ 原付免許問題集』『いきなり合格！ 普通免許テキスト＆速攻問題集』『フリガナつき！ 原付免許ラクラク合格問題集』（いずれも弊社刊）など、著書は 200 冊を超える。

●**本文イラスト**　風間 康志
　　　　　　　　HOPBOX
●**編集協力**　knowm（間瀬 直道）
●**DTP**　HOPBOX
●**企画・編集**　成美堂出版編集部（原田 洋介・芳賀 篤史）

赤シート対応 1回で合格! 原付免許完全攻略問題集

2022年6月10日発行

著 者　長 信一

発行者　深見公子

発行所　成美堂出版
　　　　〒162-8445　東京都新宿区新小川町1-7
　　　　電話(03)5206-8151　FAX(03)5206-8159

印 刷　大盛印刷株式会社

©Cho Shinichi 2022　PRINTED IN JAPAN
ISBN978-4-415-33120-1
落丁・乱丁などの不良本はお取り替えします
定価はカバーに表示してあります

道路標識・標示　一覧表

	通行止め	車両通行止め	車両進入禁止	二輪の自動車以外の自動車通行止め	大型貨物自動車等通行止め
規制標識	 車、路面電車、歩行者のすべてが通行できない	 車（自動車、原動機付自転車、軽車両）は通行できない	 車はこの標識がある方向から**進入できな**い	 二輪を除く自動車は通行できない	 大型貨物、特定中型貨物、大型特殊自動車は通行できない
	大型乗用自動車等通行止め	二輪の自動車・原動機付自転車通行止め	大型自動二輪及び普通自動二輪車二人乗り通行禁止	自転車通行止め	車両（組合せ）通行止め
	 大型乗用、特定中型乗用自動車は通行できない	 大型・普通自動二輪車、原動機付自転車は通行できない	 大型・普通自動二輪車は二人乗りで通行できない	 自転車は通行できない	 標示板に示された車（自動車、原動機付自転車）は通行できない

		指定方向外進行禁止		
タイヤチェーンを取り付けていない車両通行止め				
 タイヤチェーンをつけていない車は通行できない	車は矢印の方向以外には進めない	右折禁止	直進・右折禁止	左折・右折禁止

車両横断禁止	転回禁止	追越しのための右側部分はみ出し通行禁止	追越し禁止	駐停車禁止
 車は**右折を伴う右側**への横断をしてはいけない	 車は転回してはいけない	 車は道路の右側部分に**はみ出して追い越し**をしてはいけない	 車は追い越しをしてはいけない	 車は駐車や停車をしてはいけない（8時〜20時）

道路標識・標示一覧表

	駐車禁止	駐車余地	時間制限駐車区間	危険物積載車両通行止め	重量制限
規制標識	 車は**駐車**をしてはいけない （8時～20時）	 車の右側の道路上に**指定の余地**（6m）がとれないときは駐車できない	 標示板に示された時間（8時～20時の60分）は**駐車**できる	 爆発物などの**危険物**を積載した車は通行できない	 標示板に示された**総重量**（5.5t）を超える車は通行できない
	高さ制限	**最大幅**	**最高速度**	**最低速度**	**自動車専用**
	 地上から標示板に示された**高さ**（3.3m）を超える車は通行できない	 標示板に示された**横幅**（2.2m）を超える車は通行できない	 標示板に示された**速度**（時速50km）を超えてはいけない	 自動車は標示板に示された**速度**（時速30km）**に達しない**速度で運転してはいけない	 高速道路（高速自動車国道または自動車専用道路）であることを表す
	自転車専用	**自転車及び歩行者専用**	**歩行者専用**	**一方通行**	**自転車一方通行**
	 自転車専用道路を示し、普通自転車以外の車と歩行者は通行できない	 自転車および歩行者専用道路を示し、普通自転車以外の車は通行できない	 歩行者専用道路を示し、車は通行できない	 車は矢印の示す方向と反対方向には進めない	 自転車は矢印の示す方向と反対方向には進めない
	車両通行区分	**特定の種類の車両の通行区分**	**牽引自動車の高速自動車国道通行区分**	**専用通行帯**	**普通自転車専用通行帯**
	軽車両 二輪 標示板に示された車（二輪・軽車両）が通行しなければならない**区分**を表す	 標示板に示された車（大貨等）が通行しなければならない区分を表す	 高速自動車国道の本線車道で**けん引自動車**が通行しなければならない区分を表す	 標示板に示された車（路線バス等）の**専用通行帯**であることを表す	普通自転車の**専用通行帯**であることを表す

路線バス等 優先通行帯	牽引自動車の自動車 専用道路第一通行帯 通行指定区間	進行方向別 通行区分	環状の交差点に おける右回り通行	原動機付自転車の 右折方法(二段階)
路線バス等の**優先通行帯**であることを表す	自動車専用道路でけん引自動車が**最も左側の通行帯**を通行しなければならない指定区間を表す	交差点で車が進行する**方向別の区分**を表す	**環状交差点**であり、車は**右回り**に通行しなければならない	交差点を右折する原動機付自転車は**二段階右折**しなければならない

原動機付自転車の 右折方法(小回り)	平行駐車	直角駐車	斜め駐車	警笛鳴らせ

交差点を右折する原動機付自転車は**小回り右折**しなければならない	車は道路の側端に対して、**平行に駐車**しなければならない	車は道路の側端に対して、**直角に駐車**しなければならない	車は道路の側端に対して、**斜めに駐車**しなければならない	車と路面電車は**警音器**を鳴らさなければならない

警笛区間	徐行	一時停止	歩行者通行止め	歩行者横断禁止
車と路面電車は**区間内の指定場所**で警音器を鳴らさなければならない	車と路面電車は**すぐ止まれる速度**で進まなければならない	車と路面電車は停止位置で**一時停止**しなければならない	歩行者は**通行**してはいけない	歩行者は道路を**横断**してはいけない

並進可	軌道敷内通行可	高齢運転者等標章自動車駐車可	駐車可	高齢運転者等標章自動車停車可
普通自転車は**2台並ん**で進める	自動車は**軌道敷内**を通行できる	標章車に限り**駐車**が認められた場所(高齢運転者等専用場所)であることを表す	車は**駐車**できる	標章車に限り**停車**が認められた場所(高齢運転者等専用場所)であることを表す

指示標識

停車可	優先道路	中央線	停止線	自転車横断帯
車は停車できる	優先道路であることを表す	道路の**中央**、または**中央線**を表す	車が停止するときの位置を表す	自転車が横断する**自転車横断帯**を表す

横断歩道		横断歩道・自転車横断帯	安全地帯	規制予告
横断歩道を表す。右側は**児童**などの横断が多い横断歩道であることを意味する		**横断歩道**と**自転車横断帯**が併設された場所であることを表す	**安全地帯**であることを表し、車は**通行**できない	標識板に示されている**交通規制**が前方で行われていることを表す

補助標識

距離・区域	日・時間
この先100m / ここから50m / 市内全域	日曜・休日を除く / 8 - 20
本標識の交通規制の対象となる**距離**や**区域**を表す	本標識の交通規制の対象となる**日**や**時間**を表す

車両の種類	始まり
大 貨 / 原付を除く /	/ ここから
本標識の交通規制の対象となる**車**を表す	本標識の交通規制の区間の**始まり**を表す

区間内・区域内	終わり
/ 区 域 内	ここまで /
本標識の交通規制の区間内、または区域内を表す	本標識の交通規制の区間の**終わり**を表す

マーク・標示板

初心運転者標識	高齢運転者標識

免許を受けて**1年未満**の人が自動車を運転するときに付けるマーク	**70歳以上**の人が自動車を運転するときに付けるマーク

身体障害者標識	聴覚障害者標識
身体に障害がある人が自動車を運転するときに付けるマーク	**聴覚**に障害がある人が自動車を運転するときに付けるマーク

仮免許練習標識	左折可(標示板)
仮免許 練習中	
運転の練習をする人が自動車を運転するときに付けるマーク	前方の信号にかかわらず、車はまわりの交通に注意して**左折**できる

	入口の方向	入口の予告	方面及び距離	方面及び車線	方面及び方向の予告
案内標識	 高速道路の入口の方向を表す	名神高速 MEISHIN EXPWY 入口 150m 高速道路の入口の予告を表す	方面と距離を表す	大阪 Osaka 本線 THRU TRAFFIC 方面と車線を表す	方面と方向の予告を表す
	方面、方向及び道路の通称名	方面、車線及び出口の予告	方面及び出口	出口	高速道路番号
	方面と方向、道路の通称名を表す	京都 宇治 Kyoto Uji 5B EXIT 1km 江戸橋 Edobashi 303 出口 400m EXIT 方面と車線、出口の予告を表す	横浜 町田 Yokohama Machida 4 出口 EXIT 西神田 Nishikanda 501 出口 EXIT 高速道路の方面と出口を表す	出口 EXIT 4 横浜 Yokohama 高速道路の出口を表す	E1 E56 C4 高速道路番号を表す
	サービス・エリア又は駐車場から本線への入口	待避所	非常駐車帯	駐車場	登坂車線
	本線 EXPWY サービス・エリアや駐車場から本線への入口を表す	待避所 待避所であることを表す	非常駐車帯 非常駐車帯であることを表す	P P 駐車場であることを表す	登坂車線 SLOWER TRAFFIC 登坂車線であることを表す
警戒標識	十形道路交差点あり この先に十形道路の交差点があることを表す	T形道路交差点あり この先にT形道路の交差点があることを表す	Y形道路交差点あり  この先にY形道路の交差点があることを表す	ロータリーあり この先にロータリーがあることを表す	右(左)方屈曲あり この先の道路が右(左)方に屈曲していることを表す
	右(左)方屈折あり この先の道路が右(左)方に屈折していることを表す	右(左)背向屈曲あり この先の道路が右(左)背向屈曲していることを表す	右(左)背向屈折あり この先の道路が右(左)背向屈折していることを表す	右(左)つづら折りあり この先の道路が右(左)つづら折りしていることを表す	踏切あり この先に踏切があることを表す

警戒標識

学校、幼稚園、保育所等あり	信号機あり	すべりやすい	落石のおそれあり	路面凹凸あり
				（路面凹凸の図）
この先に学校、幼稚園、保育所などがあることを表す	この先に信号機があることを表す	この先の道路がすべりやすいことを表す	この先が落石のおそれがあることを表す	この先の路面に凹凸があることを表す

合流交通あり	車線数減少	幅員減少	二方向交通	上り急勾配あり
（合流交通の図）	（車線数減少の図）	（幅員減少の図）	（二方向交通の図）	
この先で合流する交通があることを表す	この先で車線が減少することを表す	この先の道幅がせまくなることを表す	この先が二方向交通の道路であることを表す	この先がこう配の急な上り坂であることを表す

下り急勾配あり	道路工事中	横風注意	動物が飛び出すおそれあり	その他の危険
	（道路工事中の図）	（横風注意の図）	（動物の図）	（！の図）
この先がこう配の急な下り坂であることを表す	この先の道路が工事中であることを表す	この先は横風が強いことを表す	この先は動物が飛び出してくるおそれがあることを表す	前方に何か危険があることを表す

規制標示

転回禁止	追越しのための右側部分はみ出し通行禁止		進路変更禁止	
（転回禁止の図）8-20	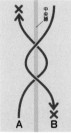	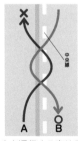		
車は転回してはいけない（8時～20時）	A・Bどちらの車も黄色の線を越えて追い越しをしてはいけない	Aを通行する車はBにはみ出して追い越しをしてはいけない（BからAへは禁止されていない）	A・Bどちらの車も黄色の線を越えて進路変更してはいけない	Bを通行する車はAに進路変更してはいけない（AからBへは禁止されていない）

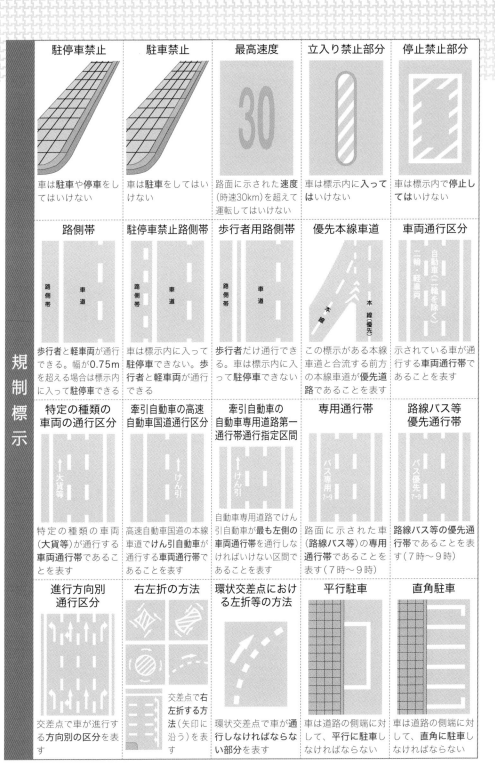

駐停車禁止	駐車禁止	最高速度	立入り禁止部分	停止禁止部分
車は**駐車や停車**をしてはいけない	車は**駐車**をしてはいけない	路面に示された**速度**（時速30km）を超えて運転してはいけない	車は標示内に入ってはいけない	車は標示内で**停止**してはいけない
路側帯	駐停車禁止路側帯	歩行者用路側帯	優先本線車道	車両通行区分
歩行者と軽車両が通行できる。幅が**0.75m**を超える場合は標示内に入って**駐停車**できる	車は標示内に入って**駐停車**できない。**歩行者と軽車両**が通行できる	**歩行者だけ**通行できる。車は標示内に入って**駐停車**できない	この標示がある本線車道と合流する前方の本線車道が**優先道路**であることを表す	示されている車が通行する**車両通行帯**であることを表す
特定の種類の車両の通行区分	牽引自動車の高速自動車国道通行区分	牽引自動車の自動車専用道路第一通行帯通行指定区間	専用通行帯	路線バス等優先通行帯
特定の種類の車両（**大貨等**）が通行する**車両通行帯**であることを表す	高速自動車国道の本線車道でけん引自動車が通行する**車両通行帯**であることを表す	自動車専用道路でけん引自動車が最も左側の車両通行帯を通行しなければいけない区間であることを表す	路面に示された車（**路線バス等**）の**専用通行帯**であることを表す（7時～9時）	**路線バス等**の優先通行帯であることを表す（7時～9時）
進行方向別通行区分	右左折の方法	環状交差点における左折等の方法	平行駐車	直角駐車
交差点で車が進行する方向別の区分を表す	交差点で**右左折する方法**（矢印に沿う）を表す	環状交差点で車が**通行しなければならない**部分を表す	車は道路の側端に対して、**平行に駐車**しなければならない	車は道路の側端に対して、**直角に駐車**しなければならない

規制標示

道路標識・標示一覧表

規制標示

斜め駐車	普通自転車歩道通行可	普通自転車の歩道通行部分	普通自転車の交差点進入禁止	終わり

車は道路の側端に対して、斜めに駐車しなければならない	普通自転車は歩道を通行できる	普通自転車が歩道を通行する場合の通行すべき場所を表す	普通自転車は黄色の線を越えて交差点に進入してはいけない	規制標示が示す（転回禁止）区間の終わりを表す

指示標示

横断歩道	斜め横断可	自転車横断帯	右側通行	停止線

歩行者が道路を横断するための場所であることを表す	歩行者が交差点を斜めに横断できることを表す	自転車が道路を横断するための場所であることを表す	車は道路の右側部分にはみ出して通行できることを表す	車が停止するときの位置を表す
二段停止線	進行方向	中央線	車線境界線	安全地帯

二輪車と四輪車が停止するときの位置を表す	車が進行する方向を表す	中央線であることを表す	車線の境界であることを表す	安全地帯であることを表し、車は通行できない
安全地帯又は路上障害物に接近	導流帯	路面電車停留場	横断歩道又は自転車横断帯あり	前方優先道路

前方に安全地帯か路上障害物があり、避ける方向を表す	車が通行しないようにしている道路の部分を表す	路面電車の停留所(場)であることを表す	前方に横断歩道または自転車横断帯があることを表す	標示がある道路と交差する前方の道路が優先道路であることを表す

※道路標識・標示は道路交通法等の改正により、変更されることがありますので予めご了承ください。